JN006819

ロボット・メカトロニクス
教科書

メカトロニクス概論

改訂**3**版

古田勝久 編著

Ohmsha

執筆者一覧

編 著 者	古田　勝久	（東京電機大学 名誉学長）
執 筆 者	石川　　潤	（東京電機大学 教授，4章，10章）
（五十音順）	岩瀬　将美	（東京電機大学 教授，2章，7章）
	遠藤　信綱	（東京電機大学 准教授，10章）
	大園　成夫	（東京電機大学 名誉教授，3章）
	大畠　　明	（トヨタ自動車株式会社，10章）
	釜道　紀浩	（東京電機大学 教授，3章，4章）
	国吉　　光	（東京電機大学 名誉教授，6章）
	汐月　哲夫	（東京電機大学 教授，11章）
	鈴木　　聡	（株式会社電通国際情報サービス，1章，7章）
	中村　明生	（東京電機大学 教授，3章）
	畠山省四朗	（東京電機大学 名誉教授，7章）
	花﨑　　泉	（東京電機大学 教授，9章）
	原島　文雄	（前東京電機大学 学長，1章）
	桧垣　博章	（東京電機大学 教授，5章）
	藤川　太郎	（東京電機大学 准教授，6章）
	古田　勝久	（東京電機大学 名誉学長，7章）
	横山　智紀	（東京電機大学 教授，8章）
	吉本貫太郎	（東京電機大学 准教授，10章）

改訂にあたって

　2007 年にこの本の初版が出版され，メカトロニクスという学問の全体像を理解する
ための基礎からその応用分野まで概説する教科書としてご活用いただき感謝しておりま
す．2015 年には，内容を一部改訂し，システム開発に利用されている統一モデリング
言語 UML を加えました．

　メカトロニクスという言葉が提案されて以来半世紀以上経ち，その間情報技術が大き
な発展を遂げました．そして生産活動の自動化のみならず社会活動においても情報通信
技術と人工知能が活用され，現在第 4 次産業革命に入っているといわれています．ここ
では，システムのみならず構成要素のサブシステムも計測制御通信機能をもつ Cyber
Physical System であり，Internet による通信機能をもつ Internet of Things でありま
す．これらの基礎としてのメカトロニクスはますますその重要性が高まってくると考え
られます．

　現在の社会経済活動の活発化を支える電力，交通運輸において，化石燃料が使われ，
大気の温暖化が生活に大きな影響を与えるようになってきています．2015 年の国連の
気候変動対策の会議（COP21）では，パリ協定「世界の平均気温上昇を産業革命以前
に比べて 2℃ より十分低く保ち，1.5℃ に抑える努力をする」長期目標が掲げられ多く
の国が批准しました．2021 年にイギリスで開かれていた「COP26」は，世界の平均気
温の上昇を産業革命以前の平均気温から 1.5℃ に抑える努力を追求するとした成果文書
を採択しました．2035 年には，EU ではガソリン内燃機関の自動車の販売を禁止する
方針を打ち出しているとのことです．企業も ESG（環境，社会，ガバナンス）を考え
た経営が求められる時代になっています．

　これらを考えた社会経済活動を支える知能化，自動化を進めるための基盤となる学問
であるメカトロニクスは，ますますその重要性が高くなってきていると考えられます．
本書においても，モータで駆動される電気自動車について 10 章 10.4 節の自動車開発
で触れることにしました．また，ロボット開発の一つの例として，ヒューマノイドロボッ
トの例を 10 章 10.3 節に載せ，ロボット・メカトロニクスの教科書として時代に即し

改訂にあたって

たものとする試みをしております.

　これまで本書の取りまとめは，鈴木聡先生がされていましたが，今回から釜道紀浩先生が担当されました.　オーム社編集局には，この本が社会の変化に対応した内容となるよういろいろご意見をいただきました.　著者を代表として，釜道先生のご努力，オーム社の叱咤激励に深く感謝します.

　2022年5月

著者を代表して　　古田　勝久

目　　次

4章　アクチュエータ

5章　コンピュータ

6章　機械設計

9章　解　析

10章　上位システムの設計

11章　UMLとシステム開発

┌─ **参考文献について** ─────────────────────────

(1)　本書で参照・引用した文献は [1] [2] のように表示して，奇数ページの下
　　の Note にまとめた．

(2)　文献の情報は，下記を基本としている．

　　　［雑誌］

　　　　　著者名，「論文名」，雑誌名，Vol. XX，No. YY，pp. Z1-Z2，年．

　　　　　Author, "the title of a thesis", *Journal name*, Vol. XX, No. YY, pp. Z1-Z2,
　　　　　year.

　　　［書籍］

　　　　　著者名，『書籍名』，発行所，年．

　　　　　Author, 'the title of a book', the publisher, year.

1章 ●Introduction

序　論

学習のPoint

　「メカトロニクス」（Mechatronics）はメカニズム（Mechanism：機械）とエレクトロニクス（Electronics：電子）の融合語であり，日本発の造語（和製英語）である．ロボットを含むさまざまな機器や身の回りの製品がメカトロニクス技術によって実現されている．

　メカトロニクスは「機械＋電気＋制御＋情報の統合」によって実現されるため，メカトロニクスを理解するには，基盤となる各分野の知識や多様な視点でモノを見る能力，個々の要素技術を統合する力（インテグレーション能力）が求められる．

　「どんな構成要素が揃うとメカトロニクスになるのか」「メカトロニクスを“動かす”ためにはどんな部品やプログラムが必要なのか」など，メカトロニクスを扱うためには，常に実体と手段を結びつける考え方が重要である．

1.1 私たちのメカトロニクス社会

Our Mechatronics Society

　部屋が異常に暑いのに気が付いて，R氏は目を覚ました．寝る前につけたはずのエアコンが切れている．手近にあったリモコンを取り，クーラをつけようとしたがテレビがついた．

　「あ，間違えた」今度は正しくクーラのリモコンを取ったが，つい力が入り握りつぶしてしまった．

　「！？」自分はこんなに力が強かったろうか？　壊れたリモコンをしばし見つめ，不思議に思いながら壁掛け時計に目をやった．時刻は8時50分．「まずい．遅刻だ」リモコンのことは忘れ，洋服を探す．いつもの服がない．そういえばと思いながら脱衣所に向かい，洗濯機を見る．そこには洗濯物の山．最近面倒になって洗うのを怠けていた．違う服を探しにもとの部屋に戻り，テレビ番組がいつもと違うことに気が付いた．「この時間帯でもニュースをやっているはずなのに……．……そうか日曜日か．それに今日は定期検査の日だった．どっちみち出かけなくては」慌てて着替えて，家を出て，駅に向かった．

　日曜日だというのに幹線道路は渋滞していた．車の列の先に目をやると，黄色

●図1・1　私たちのメカトロニクス社会

の回転灯や起重機が見えた．工事渋滞のようである．その上を宅配ドローンが飛んでいく．ぼんやり眺めながら駅に向かい，駅ビル近くの交差点で信号が青になるのを待つ．近くの階段を上ってペデストリアンデッキに出れば信号を待つ必要もないが，階段は疲れるのでいつしかエスカレータを使う経路を選んでいた．駅の改札に向かい，ポケットから IC カード乗車券を取り出して，自動改札機に当てた．しかしゲートは開かずベル音が鳴った．

「？，あ，そうか．残高がないのか」R 氏はしぶしぶ券売機へと向かい，路線図を見上げる．行き先の駅を探すがなかなか見つからない．

「エーと，なんて駅だっけ？　うーん，面倒くさいな．チャージするか」．IC カード乗車券とレンタル屋カードを間違えて券売機に押し込むささやかなトラブルのあと，今度は無事に自動改札を通過した．

乗った電車は人も少なく，いつものラッシュアワーと客層も違う．つり革につかまりながら R 氏は何気なく車内を見回した．携帯音楽プレーヤで音楽を聴いている若者，ゲームに夢中な学生．スマートフォンと睨めっこの女性はきっとメールに夢中なのだろう．途中駅に停車すると目の前の席に座っていた人が立ち上がった．「お，ラッキー」R 氏は座って目を閉じた．「寝たふりをしたほうが，席を譲らなくてもいいわけだしな」目をつぶって数分たったがドアが閉まる音がしない．すると信号機故障との車内アナウンスが流れ，さらに数十分たった．「ほかに乗り換えたほうがいいかなぁ．でも面倒だな．ま，いいか．遅刻の言い訳になるし」そう思いながら寝たふりを続けているとやがて電車は動き出し，やっと目的の駅に着いた．

電車から降りると，湿気を含んだ暑苦しい空気が肌につく．まだ残暑は厳しい．

駅前のロータリーを通り過ぎて遊歩道を歩いていくと，やがてフェンスで覆われた区画に出た．正門には「○○先端知能研究所」の文字．正門脇の通用口を通り，受付に向かった．

「F 博士のところに検査に来たのですが」

いつものように手続きを済ませ，広い敷地の一角にある小ぎれいなビルにたど

Note

り着いた．自動ドアを通りビルの中に入る．ロビーは涼しく快適だ．エレベータに乗り，目的のフロアで降りて一室のドアを開けた．リノリウム張りの室内はいかにも研究所のような雰囲気を漂わせている．

「やっと到着か．遅かったな」

部屋の中に入ると，Ｆ博士と思われる初老の男性が振り返った．

「席に座りたまえ」

金属光沢のある座り心地の悪そうな椅子を勧められ，腰を下ろす．するとなぜか眠くなってきた．

「それでは解析をはじめよう」

遠くなる意識の中でＦ博士の声が小さくなり，やがてＲ氏は停止してしまった．

　　　　………

研究室の中央には，作業台のようなベッドに横になり無数のケーブルにつながれたＲ氏がいた．その周りにはせわしく動いている白衣の者が数名．

「解析はすんだのかね？」Ｆ博士は白衣の一人に尋ねた．

「いえ，もう少しかかります．大雑把な内容でよろしければ出せますが」

「よろしい．より人間に近いヒューマノイドの実現を目指し，人間らしさを学ぶために人間社会に投入してはや２ヶ月．早く成果を見たいものだ．それにしても今日は何でこんなに遅れたのかね」

「それでは，まずは今日の行動履歴からご覧になりますか？」そういって助手はキーボードを叩いた．

「電車が遅れたらしいですね．20分程度のようですが」

「それでは計算が合わない．２時間も遅刻だ」

「起動時刻から遅れていますね．タイマでも狂ったのかな？」

「体内時計クリスタルはバックアップを含め三つもあるのだぞ．狂う可能性はない．行動規範プログラムを設定し間違えたのではないのか？」

「再三確認しました．合っています」

「ロボットが時間どおりに行動できなくてどうする．基本機能だぞ」

「後で詳しく調べます．記憶領域は……予想以上に消費していませんね」助手

はさらにキーボードを叩き，画面に何やらリストを表示させて呟いた．

「あれ？　行動パターンの記録がほとんど残っていません．なぜだろう？」

「学習更新則の忘却係数が強すぎたのか？」

「そんなわけはありません．容量も十分残っていますし．うーん．計算ユニットの使用率も低いなぁ．あまり頭を使っていないという状態でしょうか」

「どんな日常活動でも，行動決定には何らかの最適化問題を解いているはずだろう」

それを聞いて助手は再び端末を操作すると，ハードディスクのアクセスランプが激しく点滅した．結果が表示されるのをしばらく待ち，表示されたグラフとリストを指で追った．

「行動が最適化されているようには見受けられません．認知や状況判断にミスが目立ちます．それに……，アクティビティも低下していますね．状況としては，休日も外出せず，家でごろ寝状態．家事作業も怠け気味で，買い物はすべてネットでクレジットカードを常用．自分で計算はしていませんね」

「エネルギー最小化戦略が強化学習されたのか？」

「違うようです．むしろエネルギー消費量は増えています．矛盾してますね」

「遅刻に，間違い，省力に怠け．忘却に，浪費，矛盾に無計画…….まるで出来の悪い人間みたいじゃないか」そう呟いて，F博士ははっとした．

「まさか人間の悪いところばかり習得したのではあるまいな？」

「……そうなのかもしれませんね．それも人間らしさですから……」

二人は無言で互いを見た．しばし沈黙の後，話し出したのは博士だった．

「いずれにしても全データの解析をしてみなくては．もう少し調べてみてくれたまえ．分析結果はレポートで」

全部を言い切らないうちに，F博士は研究室を後にし，自分の個室に向かった．ドアを開け部屋に入ると，書類やら本やらが所狭しと積み上がっている．それらの間を器用にすり抜け，椅子に腰を下ろした．部屋の隅のFAXは紙切れのランプが付いたまま，大量に印刷された紙が排出トレイに溜まっている．F博士はすっ

Note

かり冷えたコーヒーを飲みながら，机の上の溜まった書類に目をやった．

　………

　「人間らしいロボットよりも，私には整頓ロボットのほうが必要そうだな．それに研究の方向性も誤ったようだ……」

　そう呟きながら，書類の山からいくつかの封筒を取り出した．その中からちょっと小ぶりの封書を取り出し，開封した．中にはクレジット会社からの請求書．大量の購入リストがしたためてあった．

1.2　メカトロニクスの関連技術
Ingredient Technologies for Mechatronics

　読者の皆さんは，星新一氏の超短編小説（ショートショート）『きまぐれロボット』をご存知だろうか．人間らしさを学ばせるためにロボットを人間社会に修行に出したものの，言い訳や怠惰など学んだものは人間のマイナス面ばかり，というちょっと皮肉めいた内容である．冒頭のR氏の物語は，そこから少しアイディアを拝借させていただいた．いまやロボットは小説や映画などのSF的世界では非常にポピュラーな存在であり，また現実社会でも実にさまざまなロボットを目

●図1・2　Hondaヒューマノイドロボット
左：P2 1996年発表，右：新型ASIMO 2011年発表
写真提供：本田技研工業（株）

にするようになった.

　1996年に発表されたホンダの人間型ロボットP2（図1・2左）は，それまでのロボットとは比べものにならないほど自然に人間らしく歩行し，われわれを驚愕させた. ロボットは典型的なメカトロニクスシステムであり，その実現にはさまざまな技術や理論が駆使されている. R氏やアトムのような人間らしいロボットの誕生はまだまだ先のことだろうが，冒頭のショートショートで注目してほしいのは高度メカトロニクスとしてのR氏ではなく，R氏が登場する背景，すなわちわれわれの日常生活である.

　われわれの生活はあまた多くのメカトロニクスで支えられ，至るところにメカトロニクスを見出すことができる. 種明かしというわけではないがショートショートに登場させたメカトロニクス製品とそれらに使われている主要な技術を列挙してみよう.

- エアコン / 空調 …………温度計測，インバータ制御，流体制御，プロセス制御
- 洗濯機…………………モータのトルク / 速度制御，シーケンス制御
- 車………………………燃焼 / 流体工学，化学，システム制御，制振制御，人間工学，環境学
- 起重機（クレーン）……機構 / 強度設計，油圧制御，位置決め制御
- ドローン………………自律飛行（自動運転），環境認識，無線通信，姿勢制御，モータ制御
- エスカレータ…………電動機制御，速度制御，インバータ制御
- IC カード乗車券 ………無線通信，情報処理，暗号認証
- 券売機…………………搬送制御，計測工学，信号処理，画像処理
- 電車……………………電力変換，インバータ制御，同期制御，振動抑制
- 携帯音楽プレーヤ………データ圧縮 / 復元，信号処理，信号 / 音変換
- スマートフォン…………通信制御，電波工学，情報理論，ネットワーク制御
- 自動ドア………………速度制御，振動抑制
- エレベータ………………トルク / 速度制御，振動騒音抑制，回生制御

Note

- ハードディスク…………情報処理，回転/位置決め制御，振動抑制
- FAX…………………………信号処理，情報伝送，計測工学，印刷技術

（1.1節での登場順に列挙）

　これら項目の中には，読者にとって一見メカトロニクスとは思えないものも含まれているかもしれない．しかしそれらシステムの基本構成，使われているテクノロジーの数々は多かれ少なかれ共通している．メカトロニクスはさまざまな技術の基礎であり，かつ応用でもある．非常に大雑把にいえば，「機械＋電気＋制御＋情報」の融合物である．そのためメカトロニクスの技術者にはさまざまな分野の知識や能力が求められる．そしてさらに重要なことは，個々の専門的要素を統合する力＝インテグレーション能力である．本書はメカトロニクスを扱うために必要な専門知識間の関係を体系だって俯瞰できることを主眼に，大学初年度の読者を想定して編集した．

1.3　メカトロニクスシステムの見方と本書の構成
Aspects for Mechatronics Engineers, and Contents of This Book

　メカトロニクスは複合技術であるのでさまざまな見方がある．主に次の視点で捉えることができよう（図1・3）．

- 情報や信号のつながりで見る
- ハードウェアの役割ごとに見る
- 機械要素として見る
- 制御アルゴリズムから見る
- 計算機システムとして見る

　以下，前記のポイントごとに，本書の2章以降の構成と関連づけて説明する．

● メカトロニクスは情報で動くシステムである

　メカトロニクスを動かすものは情報である．情報に基づき計算を行い，その結果に応じて動力や情報を調整し，機構部分（があれば）を物理的に動かす．そのため，信号や動力の流れを把握することが重要になる．2章では情報処理の流れに注目してメカトロニクスシステムを見ることができるようになるための理論的

ツール，すなわちシステム論の基礎を解説する．

● **メカトロニクスは外界と干渉するシステムである**

　メカトロニクスはセンサというデバイスで外界の情報を取り込み，その情報を内部で処理して，アクチュエータを駆動し外界へ作用する．センサは外界からロボットという内界へ情報を取り入れるためのインタフェース要素であり，アクチュエータはロボットの内界から外界という環境へ作用するためのインタフェース要素であるともいえる．そしてセンサで取り込んだ情報をもとに，アクチュエータの動かし方を決定する部分が計算機である．3 章でセンサを，4 章でアクチュエータを，5 章でコンピュータについて解説する．

● **メカトロニクスは機械要素の集合体である**

　メカトロニクスの体は基本的に機械部品から構成されている．機構設計においては，強度や耐久性などの機械的条件を満たすように個々の部品を選び，それらを支えるための支持部やレイアウトを適切に設計しなくてはならない．特に駆動力を伝えるための伝達駆動系の設計は重要である．そしていずれも機械部品とし

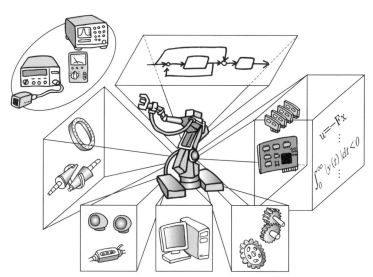

●図1・3　メカトロニクスのいろいろな見方

Note

て製造しなくてはならないので，機械加工手法や設計指示書である機械図面を描くための製図法などの知識もあったほうが好ましい．本書では，6章でメカトロニクスに関連する機械設計の基礎知識，加工法や製図法を紹介する．

● メカトロニクスには制御が必要である

メカトロニクスには，センサからの情報をもとにアクチュエータを適切に駆動するための処理，つまり制御が必要不可欠である．制御系を設計するには，まず制御対象（モータ単体，あるいはロボット全体の場合もある）の物理的本質を捉え，その本質を何らかの方法で数式に置き換える（モデル化）．制御対象のモデルができると，解析や制御器設計などの理論的な作業ができるようになり，計算機上で仮想的に解析が可能になる．制御器の設計理論は多様で，求められる仕様や制約条件によって設計者が選択する．7章ではメカトロニクスの制御器設計に最低限必要な周波数特性と PID 制御系について述べ，制御理論の各種基礎的概念について紹介する．

● メカトロニクスの知能は計算機で作る

設計したアルゴリズムや制御則はどのようにして「機械」に埋め込むのか？昨今では，計算機とプログラムによってソフトウェア的に処理する方法が主流である．制御則を機械に埋め込む作業を「実装」というが，その入れものにあたる計算機システムの構築から特別に配慮しなくてはならない．メカトロニクスは外界と相互作用して駆動するシステムであるため，個々の計算処理がきちんと管理された時間間隔のもとで実行されなくては外界で生じる事象に対応できず，正しい動作は行えない．つまりリアルタイム性が重要である．8章では，このようなメカトロニクスのための計算機構成について解説する．

● メカトロニクスは診断が必要である

人間が考えたアルゴリズムや制御器は，そのまま実装すれば問題なく動くということはまずない．組み込んだ制御系のパラメータの調整は最低限必要であり，さらに実装された理論や制御アルゴリズムが期待通りに動いているかどうかを確認する必要がある．また往々にして，採用した理論自体が適切なものであったのか判断をしなくてはならない．そのためには，メカトロニクスの挙動を計測し，その測定データを解析する方法を熟知していることが必要である．9章では，代

表的なデータ処理法である周波数解析とそれに関連する基礎理論について述べる.

・メカトロニクスは統合技術である

　以上見てきたようにメカトロニクスにはさまざまな要因が関係しているため,それらすべての要因を適切に取りまとめること,つまりシステムインテグレーション（融合）が必要である.メカトロニクス製品を創るには,まず目的や仕様が与えられる.要求仕様をいかにサブシステムに分割し,それらをいかに連携させるかで,できあがるメカトロニクスの性能が大きく左右される.10章では,2リンクスカラ型ロボットとヒューマノイドロボット,自動車の例を通して上位システムの設計事例を紹介し,2〜9章で述べられた項目がどのように相互関連し,統合されているのかを示す.

　最後の11章では,メカトロニクスに関する最新の技術的動向として統一モデリング言語（UML：Unified Modeling Language）を紹介する.さまざまな技術や新製品が次々と生み出される現代では,それらを作るためのハードもソフトも進化し続け,逆に研究者や開発者にとって種々さまざまなツールを使わざるを得ないこともしばしばである.そのような状況の解決を目指すメカトロニクス技術向きの手法としてUMLを概説する.

　本書を手がかりにして,電気・機械・情報・制御を包含するメカトロニクス分野の理解が深まり,その技術者が近未来社会で活躍することを強く望む次第である.

1
2
3
4
5
6
7
8
9
10
11

Note

理解度 **Check**

☐メカトロニクスは，機械工学，電気・電子工学，制御工学，情報工学を含み，それらを統合して作られるシステムである．

☐メカトロニクスを見るときには，次のどの視点で見ているのかが重要である．

- 情報や信号のつながりで見る
- ハードウェアの役割ごとに見る
- 機械要素として見る
- 制御アルゴリズムから見る
- 計算機システムとして見る

☐メカトロニクスを機能的に見ると，外界の状態を計測するためのセンサ，センサが計測した情報をもとに計算を行う計算機部，外界に対して作用するためのアクチュエータからなる．

☐メカトロニクスの体となる機械部品は，要求される性能のほか，部品自体の強度や耐久性を考慮して選択もしくは製造されなくてはならない．

☐メカトロニクスの計算機には，実時間性が保障されたリアルタイム制御が本質的には必要である．

メカトロニクスのための
システム論

学習のPoint

　"システム"の定義は"ある目的を達成するように複数の要素が互いに作用し合うことで，全体として機能を発揮する集合やまとまり"であり，メカトロニクスもシステムの一つである．システムの理解においては，構成要素の特性と要素間の相互作用を捉えることが基本となる．そのためには，システムの構造，特性，機能を真似たモデルを導く"モデリング"という作業が重要となる．

　本章では，メカトロニクスをシステム論的に捉えるために，モデリングの考え方や，モデリングに必要となる数学的ツール，ラプラス変換について学習する．

2.1 システムとは

"システム"とは，"目的を達成するように機能し，互いに作用し合う要素からなる，まとまりや仕組み"であり，その語源はギリシャ語で"結合する"を意味する $\sigma \dot{v} \sigma \tau \eta \mu \alpha$（Systema）に由来する.

例えば，テレビは，おおまかにアンテナ，チューナ，アンプ，モニタ（液晶パネル），スピーカといった要素からなる．アンテナは電波の受信，チューナは見たい放送局の電波信号の抽出，アンプは信号の増幅，モニタは映像信号の表示，スピーカは音声信号の再生という機能をもつ．それぞれの要素が適切に結合し動作することで，アンテナで受信された電波から映像と音声が再生され，初めてテレビとしての機能を実現する（図2・1）．テレビの場合では，電波→チューナでの検波→アンプでの信号増幅→音・映像信号の再生のように情報がさまざまな形態を経て伝達されている.

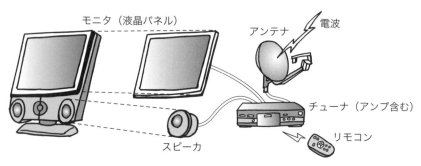

●図2・1 テレビの構成要素と情報の流れ

このようにシステムには情報の流れがあり，情報工学やシステム工学の分野では要素に流れ込んでくる情報を**入力**，送り出す情報を**出力**と呼んで区別している（図2・2）．要素は入力情報を処理・変換したものを出力しているので**情報処理**を司る．したがって，**システム**は，情報が入力されることで駆動され，その結果を出力する**情報駆動システム**といえる.

●図2・2 システムの構成要素."入力–情報処理–出力"の関係

ある要素の出力が,別の要素(自分自身でも良い)への入力となることで互いに連結し,大きなシステムを構成する.したがって,どんな複雑なシステムであっても,構成要素と要素間の情報の流れに注目してシステムを分割すれば,その本質が見えてくる.簡単な実システムを例にとり,システムの構成要素,要素間の情報の流れ,情報の変換について具体的に調べてみよう.

● バネ–マス–ダッシュポット系

バネ–マス–ダッシュポット[†1]系(図2・3)は,構成要素として質量(マス;mass),バネ,ダッシュポットからなるシステムである.自動車やオートバイのタイヤとボディの間に取り付けられるショックアブソーバ(図2・4)や,建物と地面の間に設置される免振装置などがその実例である.

このシステムの構造,情報伝達について調べてみよう.質量 m〔kg〕の物体の位置を x〔m〕とおき,静止した平衡状態を $x=0$ とする.ここでは,すべて上向きを正の値にとることにする.物体を上下に動かすと,バネはフック[†2]の

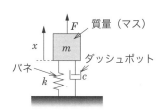

●図2・3 バネ–マス–ダッシュポット系

●図2・4 バネ–マス–ダッシュポット系の実例:オートバイのショックアブソーバ

Note

†1 ダッシュポットはダンパの一種.振動エネルギーを消散させて減衰させる装置をダンパという.

†2 ロバート・フック(Robert Hooke,1635–1703)

法則により，伸び縮みした距離に比例した力 F_k を質量に与える．バネ定数と呼ばれる比例定数を k で表すと，x，F_k，k の関係式は

$$F_k = -kx \tag{2・1}$$

となる．一方，ダッシュポットはいわば注射器の構造をしており，伸び縮みの速度に比例した力 F_d を質量に与える．粘性係数と呼ばれるこの比例定数を c とおくと

$$F_d = -c\dot{x} \tag{2・2}$$

なる関係式を得る．ここで，x を時間に関して1階微分したものを $\dot{x}$ と表している．$\ddot{x}$ は2階微分である．すなわち

$$\dot{x} = \frac{d}{dt}x(t), \quad \ddot{x} = \frac{d^2}{dt^2}x(t) \tag{2・3}$$

を意味する．

　ニュートン[†3]の**第2法則**により，物体の加速度は受ける力によって変化し，その力は"質量×加速度"に等しくなる．バネ，ダッシュポットが発生する力に加え，外部から質量に直接作用する力を F とすると，次の関係式が成り立つ．

$$m\ddot{x} = F + F_k + F_d = F - kx - c\dot{x} \tag{2・4}$$

　式(2・4)は**運動方程式**と呼ばれ，運動の時間的な変化を記述している．

　システムの全体的な構造を略図で示したものが図2・5である．この図は**ブロック線図**と呼ばれ，ブロックが"要素"を表し，ブロックとブロックをつなぐ線は"情報の流れ"を表す（ブロック線図の詳細については7章参照）．ブロック線図は，システムをなす要素と，要素間の情報の流れを表現することを得意とするの

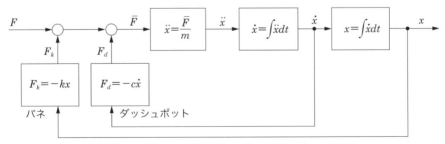

●図2・5　バネ-マス-ダッシュポット系のブロック線図

で, システムの略図表現法としてよく用いられる.

さて, 図2·5のバネ–マス–ダッシュポット系のブロック線図を眺めてみよう. バネのブロックでは, 物体の位置 x が"入力"であり, バネが発生する力 F_k が"出力"である. このとき, 入力 x と出力 F_k はフックの法則から式 (2·1) のように関係づけられている. ダッシュポットのブロックでは, 物体の速度 $\dot{x}$ が入力, ダッシュポットが発生する力 F_d が出力であり, 入力 $\dot{x}$ は式 (2·2) によって出力 F_d に変換されている. ニュートンの第2法則に従い, 物体は合成力 $F+F_k+F_d$ を入力にとり, $\ddot{x}$ を出力する. また, x や $\dot{x}$ は $\ddot{x}$ を積分することによって得られる. バネ, ダッシュポットが物体の位置や速度に応じて力を発生する一方で, 物体の加速度, 速度, 位置はバネやダッシュポットが発生する力に応じて変化している. すなわち, 相互作用を及ぼしている.

ブロックにおける情報処理が, フックの法則やニュートンの第2法則など, さまざまな自然法則や物理法則, 原理に基づいていることに注意してほしい. システムを理解し, 解析し, 設計するためには, 基本的な法則や原理に通じ, それらを組み合わせて相互作用・相乗効果をいかに生み出すかを学ばなくてはならない. 数式やブロック線図を用いてシステムの本質を表現する作業を**モデリング**という. メカトロニクスシステムの解析やその制御系設計には極めて重要なプロセスである.

2.2 モデリング

Modeling

システム工学に関する本格的な研究は電話システムに端を発し, 第2次世界大戦の頃, 次第に複雑化する軍用システムを効率良く開発するために発展したといわれている. そのため, 工学の本質は, 新たな機能の創出, 統合および相互作用に重点が置かれている. 一方, 工学と双対をなす理学の本質は, 自然現象を理解し, それを記述する基本法則を見出すことにあり, 対象となる個々の自然現象

Note

†3 アイザック・ニュートン (Sir Issac Newton, 1643–1727)

を抽出，分離，解析することに重点が置かれる．このように述べると工学と理学は相反するもののように思われるかもしれないが，そのようなことはまったくない．理学の分野で見出された基本法則の数々は，モデルを導くモデリングにおいて必須である．さらに，このモデルに基づいた仮想実験は**シミュレーション**と呼ばれ，メカトロニクスを扱うシステム工学において重要な役割を果たす．

　個々の実システムにおいて，それぞれ拠り所となる原理や法則，扱う物理量が異なったとしてもシステムがもつ"機能"を真似たモデルを作ることで，その本質を表現することができる．さらに，モデルを用いて，システムの構造や機能を解析し，より望ましい機能をもたせるようにシステムを設計することもできる．例えば，新しい電気自動車の駆動用モータを設計することを考えてみよう．そのモータの機能や能力を表すモデルを作り，計算機などを利用してシミュレーションを行うことで，実物を試作する前に，そのモータがもつ特性データを得ることができる．このデータをもとに再設計を行えば，実物サイズの試作・テストを繰り返す行程が削減でき，費用・時間を格段に削減することができる．

　モデルの形態はさまざまであるが，以下のように，数学モデル，物理モデル，コンピュータモデルに大別される．

- **数学モデル**：さまざまな自然法則や物理法則，原理を数式で記述したもの，または，それらの基本式をもとにシステムの機能や性質を表した数式を指す．例えば，バネの特性を表すフックの法則は，式(2・1)の $F_k = -kx$ なる数学モデルで表される．

　メカトロニクスシステムは，機械や電気・電子回路といった物理要素から構成されるため，加えた入力に対する出力の時間的変化を知ることが重要となる．そのため"モデリング"は，しばしばこの時間的変化（これを動特性という）を記述する"微分方程式"を立てることを意味する．先のバネ−マス−ダッシュポット系の例では，物体位置の時間的変化が運動方程式（すなわち微分方程式）(2・4)で表されている．この数学モデルが，システムの理解，解析，設計では重要な役割を果たす．この詳細は7章を参照されたい．

　ここで一つ興味深い実例をあげよう．1940年，米国ワシントン州に建設されたタコマ橋（図2・6）は，完成後わずか4ヶ月で崩壊してしまった．なぜか？

●図2・6　タコマ橋[1]

　橋桁の形状が空気力学的に不安定であったために，風が作り出す渦によって橋桁が動かされ，動かされることによって新たな渦が発生し，さらに大きく橋桁が動かされ，ついに橋床が変形に耐え切れなくなり崩壊してしまったのである．

　事故後にまとめられた報告書には次のように記されている．「タコマ橋は，構造物の設計において考慮されるべき静的な加重（風を含む）に対して，設計的にも施工的にも十分配慮が払われていた．したがって，本事故は考慮外にあった**動的な力**，すなわち風による過度の振動に原因があると考えられる．つり橋に及ぼされる空気力学的な影響について，実験的にも理論的にも，今後一層の研究を進めることが望ましい．」すなわち，風による発振メカニズム（**動特性**）を考慮していなかったために起きた失敗であった．

　このように，時間的変化を表す**動特性**を理解し，把握することが，メカトロニクスをはじめとする実システムに対して重要となる．現代では，コンピュータ技術が発達したおかげで，数学モデルをもとに数値計算を行い，動的な挙動のシミュレーションが容易に行えるようになった．これは，後に述べるコンピュータモデルの一つともいえる．この手法は，モデルベース開発（MBD）と呼ばれるシステム解析や設計法へとつながり，開発現場で重宝されている．

・**物理（実験的）モデル**：対象システムの機能だけを真似て作った別の実システムを指す．実際のシステムが高価なため実験で失敗できない場合や，大型すぎ

Note

[1]　Henry Petroski, 'To Engineer Is Human : The Role of Failure in Successful Design', Vintage Books, 1992.

て実験室に収まらない場合など，実際のシステムを用いる前段階の検証に利用される．風洞実験に用いられるタコマ橋のミニチュアなども物理モデルの一つである．

　また，システムの**類似性**（アナロジー；詳細は2.3節を参照）に着目し，入出力関係は実際のシステムと等価となるように注意しながら，まったく別の要素で構成した物理モデルもある．例えば，機械的なバネ-マス-ダッシュポット系の入出力関係は，電気回路の RLC 回路によって等価的に実現できる．この等価な RLC 回路に電気信号を加えることで，バネ-マス-ダッシュポット系の挙動を推測できる．類似性に基づいてモデルを作成することを類推モデリング（Analogical modeling）と呼ぶ．この考え方を一般化したものが図2・7に示すアナログコンピュータであり，電子回路を用いて微分方程式を解くことができる．対象システムの機能と等価な回路によってシステムの挙動をシミュレートするために利用される．現在では，次に示すようにアナログコンピュータの代わりに計算機を用いる方法にシフトしている．

●図2・7　アナログコンピュータ（日立製 HAL-40）

- **コンピュータモデル**：計算機を用いて，対象システムの機能を真似て作ったモデルである．数学モデルと物理モデルの良い点を併せもつ．入出力関係が等価となるようにプログラムすることで，対象システムの機能を表現する．例えば，数学モデルである微分方程式が与えられるとき，オイラー法やルンゲクッタ法と呼ばれる数値積分法によってこれを解き，時間的挙動をシミュレートする．コンピュータモデルは，プログラムにより機能を表現するため，自由度が高く，

コンピュータの高機能化に伴って表現できる対象や範囲も広がる．近年は，コンピュータ技術の目覚ましい進歩の恩恵を受け，自動車や航空機などの複雑なシステムを設計する際には，コンピュータモデルが必要不可欠となっている．このようにコンピュータモデルに基づくシステム設計はモデルベース開発と呼ばれている．

2.3 システムのアナロジー

System **A**nalogy

　機械系であるバネ–マス–ダッシュポット系と，電気系である *RLC* 回路はシステム的には等価である．この等価性をシステム論の世界では，**類似性**（アナロジー）と呼ぶ．モデリングにおいてアナロジーは，重要な概念である．まず *RLC* 回路について解説し，次いでバネ–マス–ダッシュポット系とのアナロジーを検証しよう．

• *RLC* 回路

　RLC 回路は抵抗，コイル，コンデンサからなる電気回路である．これらを直列に接続したものを図 2·8 に，その回路図を図 2·9 に示す．抵抗という電気素子については，**オーム**[†4] **の法則**より，抵抗の両端子にかけた電圧 V_R と，抵抗 R

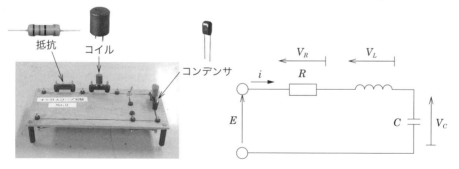

●図 2·8 *RLC* 直列回路：抵抗（左），コイル（中央），コンデンサ（右）

●図 2·9 *RLC* 回路

Note

†4 ゲオルク・ジーモン・オーム（Georg Simon Ohm，1789–1854）

に流れる電流 i は比例する.

$$V_R = Ri \tag{2・5}$$

ここで, 比例定数 R は電気抵抗値と呼ぶ.

コイルに関しては, **ファラデー**[†5]**の誘導法則**により, コイルに流れる電流が変化すると, 巻線を貫く磁束が変化することで誘導起電力が生じ, その起電力 V_L が電流の時間的変化に比例することが知られている.

$$V_L = L\dot{i} \tag{2・6}$$

ここで, 比例定数 L はインダクタンスと呼ばれる.

コンデンサは, 静電容量により電荷を蓄積・放出することができる電気素子である. コンデンサに蓄えられる電荷量はコンデンサにかかる電圧に比例する. 電流は単位時間当たりに流れる電荷量であるから, コンデンサ端子間の電圧を V_C とすると

$$C(V_C(t) - V_C(0)) = \int_0^t i(\tau)d\tau \tag{2・7}$$

となる. ここで, 比例定数 C はキャパシタンスと呼ばれる.

これら三つの素子は直列に接続されているので, **キルヒホッフ**[†6]**の第2法則(電圧則)**により, 「電気回路の任意の閉路において, 電圧の向きを一方向にとり, 各区間の電圧を V_i とすると, 電圧の総和は0となる」. すなわち

$$\sum_{i=1}^n V_i = 0 \tag{2・8}$$

となるので, 図2・9の RLC 回路においては

$$E - V_R - V_L - V_C = 0 \tag{2・9}$$

が成り立ち, 式(2・5), 式(2・6), 式(2・7)を代入して

$$E = Ri + L\dot{i} + \frac{1}{C}\int_0^t i(\tau)d\tau \tag{2・10}$$

を得る. ただし簡単のため, コンデンサの初期電圧 $V_C(0) = 0$ とした. 式(2・5)〜式(2・7)の関係をブロック線図で表したものが図2・10である.

バネ−マス−ダッシュポット系のブロック線図2・5と RLC 回路のブロック線図2・10を比較してみよう. まず, ブロック線図の構造がまったく等しいことに気

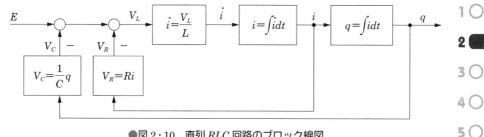

●図2・10 直列 *RLC* 回路のブロック線図

が付く．そして，物体に直接加えられる力 F を外部電源 E に，物体の位置 x を
コンデンサに蓄積される電荷量 $q=\int i(\tau)d\tau$ に関連づけ（すなわち $q \rightleftharpoons x$, $i \rightleftharpoons \dot{x}$,
$\dot{i} \rightleftharpoons \ddot{x}$），各定数も $m \rightleftharpoons L$, $c \rightleftharpoons R$, $k \rightleftharpoons 1/C$ に対応させてみると，式(2・4)と
式(2・10)は完全に等価となる．バネ−マス−ダッシュポット系と *RLC* 回路は，
それぞれ起因する自然現象や法則，扱う物理量も異なるため，見かけは別のシス
テムである．しかしながら，適切な抽象化，すなわち数学モデルを構成し，ブロッ
ク線図に表すという作業を行うと，完全に等価となる．つまり，**類似性（アナロ
ジー）**を見出すことができる．

　式(2・4)と式(2・10)は等価となることから，*RLC* 回路を用いた解析結果は，
そのままバネ−マス−ダッシュポット系にもあてはまる．このように，システム
工学を知る最大の強みは，システムの類似性を見出すことによって，広く共通な
原理・法則を理解することができ，かつ，まったく未知なシステムに対しても対
応できることである．

2.4 システムの特性と解析
Analysis of System Characteristics ●

　システムの動特性は通常，微分方程式で表される．したがって，システムの挙
動を知るためには，何らかの方法で微分方程式を解かなくてはならない．その解
法として重要な数学ツールが**ラプラス変換**である．まずは，ラプラス変換の歴史

Note

†5　マイケル・ファラデー（Michael Faraday，1791–1867）
†6　グスターブ・キルヒホッフ（Gustav Robert Kirchhoff，1824–1887）

を紹介しよう.

　事の始まりは，イギリスの電気技師であったヘビサイド[†7]が，微分演算$\dfrac{d}{dt}$をD，積分演算$\int dt$を$1/D$という記号に置き換え，微分方程式を代数的に（例えば，$D^2+2D+1=0$ の代数方程式を解くように）解く方法を提案したことである．この方法はヘビサイドの演算子法と呼ばれた．ヘビサイドの演算子法は，正しい結果を与えるが数学的な正確さに欠けるため，数学者たちには受け入れられなかったが，大変な議論を巻き起こした．ヘビサイドの方法に興味をもったブロムヴィッチ[†8]は研究を重ね，ヘビサイドの演算子は複素数であることを示し，さらにその演算子とラプラス変換との関係を示した．これにより，ヘビサイドが考えた演算子による微分方程式の解法は，ラプラス変換を用いて行えることが明らかとなり，数学的厳密さも保証されるに至った．

　ラプラス変換を用いると，時間領域の微分方程式が，複素領域の代数方程式に変換され，元の微分方程式の解を代数的に得ることができるようになる．さらに，システムの安定性解析，制御系設計まで幅広く行えるようになる．以下にラプラス変換に関する基礎理論を紹介する．

１ ラプラス変換

Laplace Transform

ラプラス変換とは，$0 \leq t < \infty$において，次の積分

$$\int_0^\infty |f(t)| e^{-\sigma t} dt < \infty \tag{2・11}$$

が発散しないような σ が存在する時間 t の関数 $f(t)$ に対して，次のように定義される．

$$\text{ラプラス変換：} \quad F(s) = \int_0^\infty f(t) e^{-st} dt \tag{2・12}$$

ただし，s は，s の実部が σ よりも大きい（$\mathrm{Re}[s] > \sigma$）複素数である．式(2・12)の積分区間 $[0, \infty)$ が $(-\infty, \infty)$ である場合の半分であるので，式(2・12)は片側ラプラス変換と呼ばれることがある．$(-\infty, \infty)$ の場合は両側ラプラス変換と呼ばれる．式(2・11)を満たすような関数 $f(t)$ の式(2・12)のラプラス変換を，$\mathcal{L}$ という記号を用いて

$$F(s) = \mathcal{L}[f(t)] \tag{2·13}$$

と略して表す．一方，ラプラス変換 $F(s)$ が与えられているときに，虚数単位 j，実数 $\sigma(>0)$ を用いて

$$f(t) = \frac{1}{2\pi j} \int_{\sigma - j\infty}^{\sigma + j\infty} F(s) e^{st} ds \tag{2·14}$$

により，複素関数 $F(s)$ から時間関数 $f(t)$ を求めることを**逆ラプラス変換**という．逆ラプラス変換も記号 $\mathcal{L}$ を用いて

$$f(t) = \mathcal{L}^{-1}[F(s)] \tag{2·15}$$

と略記する．

2 ラプラス変換の性質

Properties of Laplace Transform

式 (2·12) で定義されるラプラス変換には，次の特徴がある．

1. 線形性

$F_1(s) = \mathcal{L}[f_1(t)]$，$F_2(s) = \mathcal{L}[f_2(t)]$ とすると，定数 α，β に対して

$$\begin{aligned}
\mathcal{L}[\alpha f_1(t) + \beta f_2(t)] &= \int_0^\infty (\alpha f_1(t) + \beta f_2(t)) e^{-st} dt \\
&= \alpha \int_0^\infty f_1(t) e^{-st} dt + \beta \int_0^\infty f_2(t) e^{-st} dt \\
&= \alpha F_1(s) + \beta F_2(s)
\end{aligned} \tag{2·16}$$

2. 時間推移

時間関数 $f(t)$ に対して，L だけ時間をずらした関数

$$f_L(t) = \begin{cases} f(t-L), & t \geq L \\ 0, & t < L \end{cases} \tag{2·17}$$

のラプラス変換は，$f(t)$ のラプラス変換 $F(s)$ を用いて

$$\begin{aligned}
\mathcal{L}[f_L(t)] &= \int_0^\infty f(t-L) e^{-st} dt = \int_{-L}^\infty f(t') e^{-s(t'+L)} dt' \\
&= e^{-sL} \int_0^\infty f(t') e^{-st'} dt' \\
&= e^{-sL} F(s)
\end{aligned} \tag{2·18}$$

Note

†7　オリバー・ヘビサイド（Oliver Heaviside，1850–1925）

†8　トーマス・ブロムヴィッチ（Thomas John I'Anson Bromwich，1875–1929）

ただし，$f(t)$ は $t<0$ で $f(t)=0$ であることを用いている．

3. 変数推移

$f(t)$ のラプラス変換 $F(s)$ に対して，複素数 α を用いて $F(s+\alpha)$ とすると

$$F(s+\alpha)=\int_0^\infty f(t)e^{-(s+\alpha)t}dt=\int_0^\infty (e^{-\alpha t}f(t))e^{-st}dt \qquad (2\cdot19)$$

より

$$\mathcal{L}^{-1}[F(s+\alpha)]=e^{-\alpha t}f(t) \qquad (2\cdot20)$$

4. 微 分

$\dfrac{d}{dt}f(t)$ のラプラス変換は

$$\begin{aligned}
\mathcal{L}\left[\frac{d}{dt}f(t)\right] &=\int_0^\infty \frac{d}{dt}f(t)e^{-st}dt \\
&=\left[f(t)e^{-st}\right]_0^\infty+s\int_0^\infty f(t)e^{-st}dt \\
&=sF(s)-f(0)
\end{aligned} \qquad (2\cdot21)$$

$\dfrac{d^2}{dt^2}f(t)$ のラプラス変換は，$g:=\dfrac{df}{dt}$ として，$\dfrac{d}{dt}\left(\dfrac{df}{dt}\right)\Rightarrow\dfrac{d}{dt}g$ とすると

$$\begin{aligned}
\mathcal{L}\left[\frac{d^2}{dt^2}f(t)\right] &=sG(s)-g(0) \\
&=s(sF(s)-f(0))-\dot{f}(0) \\
&=s^2F(s)-sf(0)-\dot{f}(0)
\end{aligned} \qquad (2\cdot22)$$

となる．式 (2·22) の操作を繰り返せば，高階微分のラプラス変換を求めることができる．

5. 積 分

$\displaystyle\int_0^t f(\tau)d\tau$ のラプラス変換は

$$\begin{aligned}
\mathcal{L}\left[\int_0^t f(\tau)d\tau\right] &=\int_0^\infty \left(\int_0^t f(\tau)d\tau\right)e^{-st}dt \\
&=\left[\left(\int_0^t f(\tau)d\tau\right)\left(-\frac{1}{s}e^{-st}\right)\right]_0^\infty+\frac{1}{s}\int_0^\infty f(t)e^{-st}dt \\
&=\frac{1}{s}F(s)
\end{aligned} \qquad (2\cdot23)$$

ラプラス変換に関する重要な特徴としては，ほかに畳み込み積分や，初期値定

理，最終値定理がある．これらについては演習問題や成書を参考にされたい．

③ 伝達関数

Transfer Function

システムの動特性を表す微分方程式をラプラス変換してみよう．例題としてバネ-マス-ダッシュポット系（図2·3）を扱う．微分方程式は式(2·4)より

$$m\ddot{x}(t)+c\dot{x}(t)+kx(t)=F(t) \tag{2·24}$$

である．いま，物体に直接加える外力 $F(t)$ を入力，そのときの物体の位置 $x(t)$ を出力としよう．はじめ，物体は $x(0)=0$ の位置で静止 $(\dot{x}(0)=0)$ していると する．各変数のラプラス変換は，$\mathcal{L}[F(t)]=F(s)$，$\mathcal{L}[x(t)]=X(s)$，$\mathcal{L}[\dot{x}(t)]= sX(s)-x(0)=sX(s)$，$\mathcal{L}[\ddot{x}(t)]=s^2X(s)-sx(0)-\dot{x}(0)=s^2X(s)$ となるから，式 (2·24) は

$$ms^2X(s)+csX(s)+kX(s)=F(s)$$

$$X(s)=\frac{1}{ms^2+cs+k}\,F(s) \tag{2·25}$$

となる．式(2·25)において，入力 $F(s)$ と出力 $X(s)$ を $1/(ms^2+cs+k)$ が関係 づけている．このように，システムの微分方程式を初期状態0としてラプラス 変換したとき，入力のラプラス変換 $U(s)$ と出力のラプラス変換 $Y(s)$ を

$$Y(s)=G(s)U(s) \tag{2·26}$$

と関係づける $G(s)$ を**伝達関数**と呼ぶ．式(2·25)の場合は，$F(s)\rightarrow U(s)$，$X(s) \rightarrow Y(s)$，$1/(ms^2+cs+k)\rightarrow G(s)$ に対応している．式(2·26)が示すように，ラプラス変換を用いると，代数的な操作によって出力のラプラス変換 $Y(s)$ は伝達 関数 $G(s)$ と $U(s)$ の積で表すことができる（図2·11）．

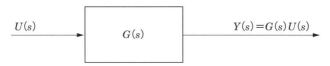

$U(s)$　　　$G(s)$　　　$Y(s)=G(s)U(s)$

●図2·11　伝達関数とブロック線図

Note

④ インパルス応答

Impulse Response

　システムの入力と出力の関係式（2·26）を用いて，インパルス応答と呼ばれる特別な応答について考えよう．インパルス応答とは，システムに図2·12のインパルス信号と呼ばれる理想的な信号を入力したときの出力を指す．インパルス信号とは，幅Δ，高さ$1/\Delta$をもつパルス信号$\delta_\Delta(t)$の幅Δを極限まで小さくしたときの信号であり

$$\delta_\Delta(t)=\begin{cases} \dfrac{1}{\Delta}, & 0\leq t\leq\Delta \\ 0, & t>\Delta \end{cases} \tag{2·27}$$

を用いて

$$\delta(t)=\lim_{\Delta\to 0}\delta_\Delta(t) \tag{2·28}$$

のように極限操作を行った信号である．このように，インパルス信号は，幅が0，高さが無限大であるが，面積は

$$\int_{-\infty}^{\infty}\delta(t)\,dt=\lim_{\Delta\to 0}\left(\int_{0}^{\Delta}\frac{1}{\Delta}\,dt\right)=1 \tag{2·29}$$

により1となる．インパルス信号をシステムに入力することの直感的な解釈は，バネ−マス−ダッシュポット系において物体をハンマなどで叩き，力を瞬間的に加えるようなものとなる．図2·13は$m=1.0$，$c=1.0$，$k=10.0$としたときのバネ−マス−ダッシュポット系のインパルス応答である．

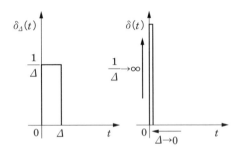

●図2·12　パルス信号$\delta_\Delta(t)$（左）とインパルス信号$\delta(t)$（右）

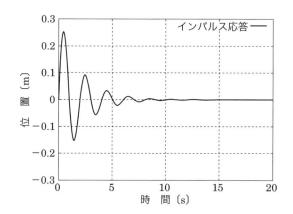

●図2・13 バネ-マス-ダッシュポット系のインパルス応答
（$m=1.0$，$c=1.0$，$k=10.0$の場合）

インパルス信号をラプラス変換してみよう．まず，パルス信号 $\delta_\Delta(t)$ をラプラス変換してみると

$$\mathcal{L}[\delta_\Delta(t)] = \int_0^\infty \delta_\Delta(t) e^{-st} dt = \int_0^\Delta \frac{1}{\Delta} e^{-st} dt = \frac{1}{\Delta} \left[-\frac{1}{s} e^{-st} \right]_0^\Delta$$

$$= \frac{1 - e^{-s\Delta}}{s\Delta} \tag{2・30}$$

を得る．さらに，**ロピタルの定理**[†9] を用いると

$$\mathcal{L}[\delta(t)] = \lim_{\Delta \to 0} \mathcal{L}[\delta_\Delta(t)] = 1 \tag{2・31}$$

となる．よって，インパルス信号 $\delta(t)$ を入力したときの出力であるインパルス応答は，$U(s) = \mathcal{L}[\delta(t)] = 1$ であることから，式 (2・26) より

$$Y(s) = G(s) \tag{2・32}$$

となる．すなわち，ハンマで（インパルス信号のように理想的に）叩いたときの応答波形 $g(t)$ が計測できたとすると，$g(t)$ をラプラス変換したものが伝達関数 $G(s)$ であり

Note

[†9]　$x \to a$ のとき $f(x) \to 0$，$g(x) \to 0$ なる二つの関数に関して，$\displaystyle \lim_{x \to a} \frac{\frac{d}{dx} f(x)}{\frac{d}{dx} g(x)} = A$ となるならば $\displaystyle \lim_{x \to a} \frac{f(x)}{g(x)} = A$．演習問題も参考のこと．

$$G(s) = \mathcal{L}[g(t)] \tag{2・33}$$

となる．このように，インパルス応答はシステムの特性を与える重要な応答である．

5 ステップ応答

Step Response

図2・14のような関数をステップ関数と呼ぶ．ヘビサイドが定義したため，ヘビサイド関数とも呼ばれる．大きさが1のものを単位ステップ関数という．単位ステップ関数 $h_s(t)$ は

$$h_s(t) = \begin{cases} 1, & t \geq 0 \\ 0, & t < 0 \end{cases} \tag{2・34}$$

と定義され，そのラプラス変換は

$$\mathcal{L}[h_s(t)] = \int_0^\infty h_s(t) e^{-st} dt = \left[-\frac{1}{s} e^{-st} \right]_0^\infty$$

$$= \frac{1}{s} \tag{2・35}$$

となる．ステップ関数を入力としたときの出力をステップ応答という．バネ-マス-ダッシュポット系を用いて直感的に説明すれば，ある時間から常に一定の力 F_s を加えたときの応答である（図2・15）．

ステップ応答のラプラス変換は，式 (2・26)，式 (2・35) より

$$Y(s) = G(s) \frac{1}{s} \tag{2・36}$$

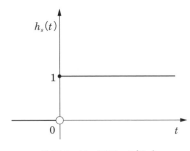

●図2・14　ステップ入力

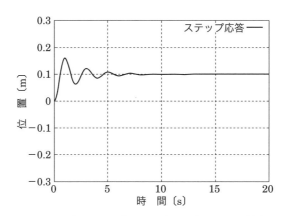

●図2・15 バネ-マス-ダッシュポット系のステップ応答
（$m=1.0$, $c=1.0$, $k=10.0$, $F_s=1.0$の場合）

と書ける．$1/s$はラプラス変換の性質5から積分演算に対応しているので，ステップ応答はインパルス応答を積分したものと解釈できる．

6　伝達関数の極と時間応答

Poles and Time-response

1入力-1出力のシステムの場合，伝達関数$G(s)$の分母，分子はsの多項式となり，したがって，伝達関数はsの有理多項式となる．すなわち

$$G(s) = \frac{b_m s^m + b_{m-1} s^{m-1} + \cdots + b_1 s + b_0}{s^n + a_{n-1} s^{n-1} + \cdots + a_1 s + a_0} \tag{2・37}$$

となる．式(2・37)の分母多項式のs^nの係数は1であるが，このように最高次数の係数が1であるような多項式を**モニック**な多項式という．また，分母多項式の次数がn次の場合には，n次の伝達関数といい，分母多項式の次数nと分子多項式の次数mとの差$n-m$を相対次数という．$n \geq m$の場合は**プロパー**であるといい，特に$n > m$の場合に**厳密にプロパー**であるという．$n < m$の場合は**非プロパー**であるという．

伝達関数$G(s)$において，$G(s) = 0$となるようなsを$G(s)$の**零点**という．反

Note

対に $G(s) \to \infty$ となるような s を**極**という．例えば，伝達関数が

$$G(s) = \frac{s + \gamma}{(s + \alpha)(s + \beta)} \tag{2・38}$$

のとき，零点は $s = -\gamma$，極は $s = -\alpha$，$-\beta$ である（$s \to \infty$ で $G(s) \to 0$ となるが，これは無限零点といい，ここでは区別して扱う）．

さて，ある実数 α を用いて

$$G(s) = \frac{1}{s + \alpha} \tag{2・39}$$

という伝達関数をもつシステムを考えよう．システムにインパルス信号を入力したときのインパルス応答 $g(t)$ は，伝達関数 $G(s)$ の逆ラプラス変換なので

$$\mathcal{L}[e^{-\alpha t}] = \int_0^\infty e^{-\alpha t} e^{-st} dt = \left[-\frac{1}{s + \alpha} e^{-(s + \alpha)t} \right]_0^\infty$$
$$= \frac{1}{s + \alpha} \tag{2・40}$$

より

$$g(t) = e^{-\alpha t} \tag{2・41}$$

となる．このとき式 (2・41) のインパルス応答は α の値によって図 2・16 のような挙動となる．すなわち

- $\alpha > 0$ のとき，$t \to \infty$ で $g(t) \to 0$（0 に漸近収束：安定）
- $\alpha = 0$ のとき，$g(t) = 1$　　　（一定値）
- $\alpha < 0$ のとき，$g(t) \to \infty$　　　（発散：不安定）

このとき，伝達関数 $G(s)$ の極は $s = -\alpha$ であるから，極とシステムの応答が式 (2・41) のように密接に関連していることがわかる．つまり，極の値によってシステムの安定，不安定が決まる．

極が複素数の場合はどうなるのだろうか．実数 $\omega > 0$ として

$$G(s) = \frac{\omega}{s^2 + \omega^2} \tag{2・42}$$

なる伝達関数を考えよう．このとき，極は虚数単位を j として $s = \pm j\omega$ なる純虚数となる．オイラー[†10] が発見した**オイラーの公式**

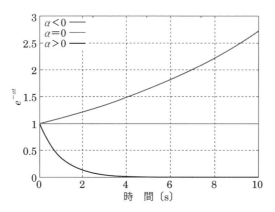

●図 2・16 極 $s = -\alpha$ と時間応答 $e^{-\alpha t}$ の関係

$$e^{j\omega t} = \cos\omega t + j\sin\omega t \tag{2・43}$$

と，$e^{j\omega t}$ をラプラス変換した結果

$$\mathcal{L}[e^{j\omega t}] = \int_0^\infty e^{j\omega t} e^{-st} dt = \left[-\frac{1}{s-j\omega} e^{-(s-j\omega)t} \right]_0^\infty$$

$$= \frac{1}{s-j\omega} \cdot 1 = \frac{1}{s-j\omega} \cdot \frac{s+j\omega}{s+j\omega}$$

$$= \frac{s}{s^2+\omega^2} + j\frac{\omega}{s^2+\omega^2} \tag{2・44}$$

とを比較すると，それぞれの実部，虚部の対応関係から

$$\mathcal{L}[\cos\omega t] = \frac{s}{s^2+\omega^2}, \quad \mathcal{L}[\sin\omega t] = \frac{\omega}{s^2+\omega^2} \tag{2・45}$$

を得る．式 (2・45) より $\sin\omega t = \mathcal{L}^{-1}\left[\dfrac{\omega}{s^2+\omega^2} \right]$ なので，式 (2・42) の伝達関数のインパルス応答 $g(t)$ は

$$g(t) = \sin\omega t \tag{2・46}$$

となり，角周波数 ω〔rad/s〕の正弦波となる．したがって，極が純虚数 $s = \pm j\omega$ をもつとき，応答は周期 $2\pi/\omega$〔s〕で振動することがわかる．

Note

†10 レオンハルト・オイラー（Leonhard Euler, 1707-1783）

さらに，ラプラス変換の性質3・変数推移則（式(2·20)）を式(2·45)に適用すると

$$\frac{s+\alpha}{(s+\alpha)^2+\omega^2}=\mathcal{L}[e^{-\alpha t}\cos\omega t], \quad \frac{\omega}{(s+\alpha)^2+\omega^2}=\mathcal{L}[e^{-\alpha t}\sin\omega t] \quad (2\cdot47)$$

を得る．式(2·47)の分母多項式の根，すなわち極は

$$(s+\alpha)^2+\omega^2=s^2+2\alpha s+\omega^2+\alpha^2=0 \quad (2\cdot48)$$

より

$$s=-\alpha\pm j\omega \quad (2\cdot49)$$

なる複素数となっている．式(2·47)を見ると，$e^{-\alpha t}\sin\omega t$（もしくは$e^{-\alpha t}\cos\omega t$）は，周期$2\pi/\omega$で振動しながら，波形全体の振幅が$e^{-\alpha t}$で変化していく振動波形である．したがって，極が複素数の場合は，極の実部（αに相当）が収束・発散を決定し，虚部（ωに相当）が振動の周期を決定していることがわかる．

実数係数a_i, b_iをもつ一般的な伝達関数（式(2·37)）についても，ヘビサイドの定理を適用して1次の伝達関数と2次の伝達関数に部分分数分解し，各々を逆ラプラス変換すれば，式(2·40)，式(2·45)，式(2·47)と同様な時間応答を得ることができる．このように，システムの時間応答と伝達関数の極には密接な関係があり，時間応答の波形を決めるだけでなく，システムが収束するか発散するかという安定性も決定づける．したがって，システムの動特性解析や制御系設計において，極は極めて重要なファクタである．

7　2次遅れ系

Second Order Lag System

式(2·25)で示したバネ−マス−ダッシュポット系の伝達関数は，分母多項式の次数が2次で，さらに1次と0次の要素をもっている．このような伝達関数をもつ系を**2次遅れ系**と呼ぶ．2次遅れ系は，減衰振動を伴うシステム全般に共通する要素であり，制御系設計においても重要である．2次遅れ系の伝達関数は一般に

$$G(s)=\frac{\omega_n^2}{s^2+2\zeta\omega_n s+\omega_n^2} \quad (2\cdot50)$$

と記述でき，$\omega_n[\mathrm{rad/s}]$を固有角周波数，ζを減衰係数と呼ぶ．

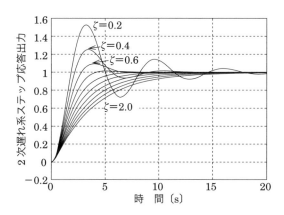

●図2・17　ζを変化させたときの2次遅れ系ステップ応答
（$\omega_n = 1.0$, $\zeta = 0.2 \sim 2.0$ まで 0.2 刻み）

　2次遅れ系の伝達関数（式（2・50））は　$\zeta \geq 1$ のとき $s = -\zeta\omega_n \pm \omega_n\sqrt{\zeta^2-1}$ なる二つの実数極，$\zeta < 1$ のとき $s = -\zeta\omega_n \pm j\omega_n\sqrt{1-\zeta^2}$ なる共役な複素極をもつ．つまり，固有角周波数 ω_n と減衰係数 ζ により極が決定される．図2・17は，$\omega_n = 1.0$ として減衰係数 ζ を変化させたときのステップ応答である．ζ とステップ応答の関係を表2・1にまとめる．制御系を設計する際には，制御をかけた状態のシステムに含まれる2次遅れ系要素の固有角周波数と減衰係数を，表2・1に示す特性を考慮して調整する．例えば，ある目標位置にすばやく停止させるような制御系を組みたい場合は，整定時間（目標値の95～98％に到達する時間）を短くするために，減衰係数を $\zeta = 1$ に近く，かつ固有周波数 ω_n がなるべく大きくなるように，制御器のパラメータを調整することがよく行われる．

■表2・1　減衰係数 ζ の変化とステップ応答，極の関係

ζ の変化	ステップ応答の変化	極の変化
$\zeta \to 0$	振動的になる	実部は原点に近づき，虚部は $\pm j\omega_n$ に近づきながら実軸から遠ざかる
$\zeta \to \infty$	立上りが遅くなる	一つは実軸上を原点に近づき，もう一つは原点から遠ざかる

Note

理解度 Check

☐ "システム" とは，「ある目的を達成するように，複数の要素が互いに作用し合うことで，全体として機能を発揮する集合やまとまり」である．システムは要素と情報の流れからなり，要素に流れ込んでくる情報を "入力"，送り出す情報を "出力" という．

☐ 実システムを，数式やブロック線図などを用いてその本質を表現する作業が "モデリング" であり，メカトロニクスシステムの解析やその制御系の設計には極めて重要なプロセスである．

☐ 異なる実システムをモデル化して，双方のシステム構成の間に相互変換可能な等価関係が見出せたとき，この等価性をアナロジーという．

☐ ラプラス変換は，微分演算を代数演算に置き換えることができる数学的ツールである．ラプラス変換により，時間領域の微分方程式を複素領域の代数方程式に変換することで，微分方程式の解が容易に求められる．

☐ 伝達関数 $G(s)$ は，初期値を 0 としたとき，入力のラプラス変換 $U(s)$ と，出力のラプラス変換 $Y(s)$ を $Y(s)=G(s)U(s)$ と関係づける．伝達関数はシステムの安定性や応答の解析，制御系設計において重要である．

☐ 伝達関数 $G(s)$ において，$G(s)=0$ となるような s を $G(s)$ の零点という．$G(s)\to\infty$ となるような s を極という．

☐ 極は複素数であり，極の実部が安定性（すべて負なら安定，一つでも正ならば不安定）に，虚部が振動周期に関係する．

☐ インパルス応答とは，インパルス信号と呼ばれる理想的な信号を入力したときの出力であり，インパルス応答のラプラス変換は伝達関数に等しい．

☐ ステップ応答とは，ステップ状に変化するステップ入力と呼ばれる理想的な信号を入力したときの出力のことをいう．ステップ応答はインパルス応答の積分にもなっている．

☐ 2 次遅れ系 $G(s)=\omega_n^2/(s^2+2\zeta\omega_n s+\omega_n^2)$ は，減衰振動を伴うシステム一般に共通する要素である．なお，ω_n は 2 次遅れ系の固有角周波数であり，$\zeta(>0)$ は減衰係数で，1 より小さければ応答は振動的になる．

Training 演習問題

1 身近にある簡単なシステムを例にとり，そのシステムを構成する要素とそれぞれの要素の相互作用について記せ.

2 メカトロニクスシステムを例にとり，そのシステムがどのようなセンサ，アクチュエータ，インタフェース，計算機からなるか説明せよ.

3 微分のラプラス変換から，関数 $f(t)$ の最終値定理 $\lim_{t \to \infty} f(t) = \lim_{s \to 0} sF(s)$，初期値定理 $\lim_{t \to 0} f(t) = \lim_{s \to \infty} sF(s)$ を示せ.

4 電気抵抗値 R の抵抗，キャパシタンス C のコンデンサからなる RC 直列回路において，抵抗-コンデンサにかかる全電圧 $u(t)$ を入力，コンデンサにかかる電圧 $y(t)$ を出力とする. インパルス応答，ステップ応答を求めよ（ただし，初期値はすべて 0 とする）.

5 $F(s) = \dfrac{s+1}{s^2 + 2s + 5}$ を逆ラプラス変換し，元の時間関数 $f(t)$ を求めよ.

6 式 (2·30) にロピタルの定理を適用し，式 (2·31) を導出せよ.

7 伝達関数 $G(s) = \dfrac{1}{s+\alpha}$ で表されるシステムのステップ応答は $Y_S(s) = G(s) \cdot \dfrac{K}{s}$ となり，$Y_S(s)$ の逆ラプラス変換 $y_S(t)$ は下図となる. $y_S(t)$ が漸近する値を K，$y_S(t)$ が K の 63.2 %（$= 1 - \dfrac{1}{e}$）に達する時刻を T とするとき，K は定常ゲイン，T は時定数と呼ばれる. K と T を α で表現せよ.

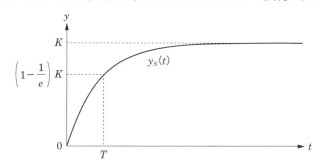

現実世界と情報世界の融合：サイバーフィジカルシステム

　2000年代初頭に，アメリカを中心とした研究コミュニティで熱心に議論されていたのがサイバーフィジカルシステムという概念である．現実（フィジカル）世界の出来事を情報として，クラウドコンピュータ上の仮想（サイバー）空間に取り込み，情報を蓄積し，データを分析・知識化する．そこで創出される情報や行動をフィードバックし，現実世界で最適な結果や有益な価値を導きだす．これによって，産業の活性化や複雑な社会問題の解決に役立てることを目指している．

　サイバーフィジカルシステムでは，インターネットに接続されたセンサ群によって，現実世界のさまざまな情報を収集するIoT（Internet of Things）が活躍する．また，現実空間のロボットや自動車と同じ振る舞いをするコンピュータモデルをサイバー空間に構築し，IoTを介して収集した情報を加味することで，現実空間で稼働するロボットや自動車をサイバー空間内でリアルに再現する，ディジタルツインという概念が実現できる．ディジタルツインが構成できると，サイバー空間内のモデルをAIに組み込み，現実空間の将来の変化を予測することや，あるアクションを加えたときの反応を事前に検証することが可能となる．この予測や事前検討に基づいて，実際の現実世界での行動に移せば，より最適な結果を導くことができるだろう．このサイバーフィジカルシステムにおいては，ロボットやメカトロニクスシステムが，情報を収集するセンサとしても，サイバー空間内で導きだされた行動を現実世界で実行するプレーヤとしても活躍すると，大きな期待が寄せられている．

3章

●Sensors

センサ

学習のPoint

　ロボット・メカトロニクスシステムにおいて，人間の感覚器の役割を果たすものがセンサである．センサとはシステムの外部・内部の物理量の変化や現象を検出し，電気のような取り扱いやすい信号に変換する機能をもつ装置や部品の総称である．対象となる現象の物理量としては，変位，角度，力，速度，加速度など，さまざまである．人間が感知できない情報を得ることができるセンサがある一方，まだまだ人間の感覚には及ばないものも多い．

　本章ではセンサに関する一般的な概念や区分，単位系について学習する．また，数多いセンサの中から，ロボットなどのメカトロニクスシステムで多く使われているセンサについて，原理や理論を学習する．

3.1　ロボット・メカトロニクスシステムとセンサ
Sensors in Robot-Mechatronics Systems

1　身近な機器に使われているセンサ
Sensors in Domestic Appliances

　われわれの生活の利便性を向上させている機器の中にはさまざまなセンサが用いられている．例えば自動車では，**エンジン制御**[†1]，**車両運動制御**[†2]，**キャビン制御**[†3] などに，実にさまざまなセンサが用いられており，センサなくして自動車は動かないといっても過言ではない．特にエンジンには，多様なセンサやアクチュエータが用いられて制御が実現されている（**図3·1**）．温度伝熱量から空気流量を測定する空気量センサ，素子の抵抗変化から温度変化を測定する吸気温センサ，同様に水温を測定する水温センサ，ポテンショメータ（後述）でスロットルの開度を測定するスロットル開度センサ，ピストンの位置を知るためのクランク角度センサ，圧電素子（後述）で振動を測定するノックセンサ，潤滑用オイルの圧力

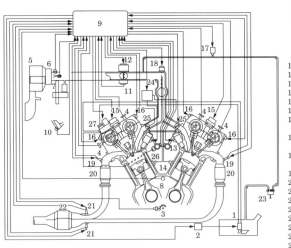

1. 燃料ポンプ
2. 燃料ポンプレジスタ
3. クランク角度センサ
4. カム角度センサ
5. エアクリーナ
6. 吸気温センサ
7. 空気量センサ
8. 水温センサ
9. 32bit ECU（電子制御ユニット）
10. アクセル開度センサ
11. スロットル開度センサ
12. スロットルコントローラ
13. インジェクタ
14. ノックセンサ
15. 電子イグニッション
16. 油量調節器
　　（連続可変バルブタイミング制御用）
17. VSV（バキュームスイッチングバルブ）
　　（燃料蒸発ガス排出制御用）
18. ロータリ電磁バルブ
　　（可変吸気システム用）
19. A/F センサ
20. 三元触媒システム
21. O_2 センサ
22. 三元触媒システム
23. チャコールキャニスタ
24. EDU（電子ドライバユニット）
25. SCV（スワールコントロールバルブ）
26. 燃料圧センサ
27. 高圧燃料ポンプ

●**図 3 · 1　エンジン制御システム**
文献［1］より引用

を検出するための油圧センサ, 酸素濃度に反応するジルコニアを用いて排ガス中の酸素濃度を測定する O_2 センサなどがある. 本章では, センサの一般的な概念や区分, 単位系について簡単に説明した後, ロボットに使われることの多いセンサを具体的に紹介し, センサの原理や理論を解説する.

2 センサの入力と出力

Signal Input and Output of Sensors

計測対象の反応を感じ取り, われわれが扱いやすい物理量に変換するのが**セン**サ[†4]である. センサが感じ取った反応を「センサ入力」, 変換した物理量を「センサ出力」という. センサ出力は多くの場合, 電気量（電圧, 電流など）であるが, センサ入力は対象によって多種多様である. センサの働きを図に示すと図3・2のようになる.

産業界で関心が高いセンサの入力量には, 温度, 変位, 可視光, 圧力, 赤外光, ひずみ, レーザ光, 振動, 電圧, 湿度などがある（図3・3）.

ロボットやメカトロニクス機器は, 図3・4のような構成をしていて, センサ

入力量の例	出力量の例
力	電圧
長さ	電流
速度	変位
加速度	力
温度	光量
圧力	周波数
振動数	
時間	
抵抗	
光量	

●図3・2 センサの入力と出力　　　●図3・3 センサの入力量と出力量

Note

- †1 ドライバーの指示や路面状況に合わせ, エンジンの燃料噴射や点火時期を調整し, 最適なトルクの発生や速度を維持できるよう燃焼過程を制御する. 同時にノックを減少させ, 排気ガス中の諸成分を規定値以下に保つ.
- †2 サスペンション, ステアリング, クルーズ（定速走行）, ABS（Antilock Brake System）など, 自動車の走行を安全かつ快適に維持する.
- †3 エアコン, エアバッグ, ワイパ, ドアロックなど, 搭乗者の安全性や快適性の確保を図る.
- †4 センサは, 古くはトランスデューサ, 日本語では信号変換器と呼ばれた. センサとトランスデューサを区別する考え方もあるが, 入力量をそれと一定の関係にある出力量に変換するという機能において両者は同じものと考えてよい.
- [1] Tatehiko Ueda and Akira Ohata, "Trends of Future Powertrain-Development and the Evolution of Powertrain Control System", *Proc. of the SAE/IEEE Convergence 2004*, paper No. 2004-21-0063, 2004.

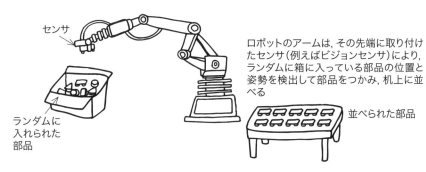

センサ

ロボットのアームは, その先端に取り付けたセンサ(例えばビジョンセンサ)により, ランダムに箱に入っている部品の位置と姿勢を検出して部品をつかみ, 机上に並べる

並べられた部品

ランダムに
入れられた
部品

●図3・4　ロボット・メカトロニクス機器の構成例

で検出した信号を変換し, その信号をアクチュエータの制御信号に利用する. このように, センサはアクチュエータとともに, ロボット・メカトロニクスにとって基本的な要素である.

3 内界センサと外界センサ

Internal Sensors and External Sensors

　ロボットが運動したり, 対象を認識したりするためにいろいろなセンサが必要である. それらセンサを大別すると, ロボットが自分自身の状態を知るために必要なセンサと, ロボットが自分の周囲（環境）の状態を知るために必要なセンサとに分類できる. 前者を**内界センサ**, 後者を**外界センサ**という.

　内界センサは, ロボットを構成する五体の位置や姿勢, 加速度などを検出し, 自身の運動を制御するために主に使われる. したがって, 位置センサ, 角度センサ, 変位センサ, 加速度センサなどの幾何学的量を測るセンサが使用される. 一方, 外界センサは, ロボットの外部環境を検出して, ロボットに作業を行わせたり目的地へ移動させたりする際に使われる. 視覚センサ, 触覚センサ, 力（覚）センサ, 近接（距離）センサなどがその一例である. 外界センサは概して高度な部類のセンサであり, センサ素子で信号を検出するだけでなく, その検出信号を適切に処理して必要な情報に変換する計算処理部分が重要である.

3.2 国際単位系

International System of Units（SI）

① センサの入出力量と単位

Input and Output Quantities of Sensors and Units

　センサにおいて単位系は極めて重要である．単位系を間違うと取り返しのつかない事故に結びつく可能性もある．その実例として1999年のアメリカ航空宇宙局（NASA）の火星探査機マーズ・クライメト・オービター（MCO）の失敗がある．MCOは軌道計算を誤り，火星に衝突した．その事故の原因はヤード・ポンド法とメートル法という単位系を間違えてコマンド送信したためであった．単位は長い歴史をもっていて，世界中で多くの単位が使用されてきたための悲劇であるかもしれない．

　現在では世界的に共通の単位系として，**国際単位系**（**SI**）が制定され使用されている．また，単位の大きさを具体的に示すものをその量の標準という．標準は技術の進歩とともに内容が改められてきたが，例えば現在の「**メートル**」の**標準**は「真空中の光の速度cを単位 ms^{-1} で表したとき，その数値を 299 792 458 と定めることで定義される．ここで，秒はセシウム周波数 $\Delta\nu_{CS}$ によって定義される．」とされている．つまり「光が 1/299 792 458 秒で真空中を進む距離」として定められている[5]．

② SI の7個の基本単位

Fundamental Units in SI Units

　国際単位系（SI）では次元的に独立であるとみなされる七つの量，すなわち長さ（m），質量（kg），時間（s），電流（A），熱力学温度（K），物質量（mol），光度（cd）が選ばれ**基本単位**と呼ばれている（表3・1参照）．このほかの単位は，この7個の基本単位を四則演算して導くことができて，それらを**組立単位**という．特によく使われる組立単位には使用上の便宜のために固有の名称と記号が付けられている．その一部を表3・2に示す．

Note

†5　メートルが最初に制定されたとき，その標準は「地球の子午線全周の長さの 1/40 000 000」であった．このときその他の候補として，一定の周期をもつ振り子の長さという案もあったが，時間の測定精度が当時は十分でなかったため採用されなかった．現在のメートルの定義は，時間に依存して決められている．

■表3・1　SI基本単位

量	単位の名称	単位記号
長さ	メートル	m
質量	キログラム	kg
時間	秒	s
電流	アンペア	A
温度	ケルビン	K
物質量	モル	mol
光度	カンデラ	cd

■表3・2　固有の名称とその独自の記号によるSI組立単位

量	単位の名称	単位記号	基本単位による表現
平面角	ラジアン	rad	$m \cdot m^{-1} = 1$
立体角	ステラジアン	sr	$m^2 \cdot m^{-2} = 1$
周波数	ヘルツ	Hz	s^{-1}
力	ニュートン	N	$m \cdot kg \cdot s^{-2}$
圧力，応力	パスカル	Pa	$m^{-1} \cdot kg \cdot s^{-2}$
エネルギー，仕事，熱量	ジュール	J	$m^2 \cdot kg \cdot s^{-2}$
工率，放射束	ワット	W	$m^2 \cdot kg \cdot s^{-3}$
電荷，電気量	クーロン	C	$s \cdot A$
電位差（電圧），起電力	ボルト	V	$m^2 \cdot kg \cdot s^{-3} \cdot A^{-1}$
静電容量	ファラド	F	$m^{-2} \cdot kg^{-1} \cdot s^4 \cdot A^2$
電気抵抗	オーム	Ω	$m^2 \cdot kg \cdot s^{-3} \cdot A^{-2}$
コンダクタンス	ジーメンス	S	$m^{-2} \cdot kg^{-1} \cdot s^3 \cdot A^2$
磁束	ウェーバ	Wb	$m^2 \cdot kg \cdot s^{-2} \cdot A^{-1}$
磁束密度	テスラ	T	$kg \cdot s^{-2} \cdot A^{-1}$
インダクタンス	ヘンリー	H	$m^2 \cdot kg \cdot s^{-2} \cdot A^{-2}$
セルシウス温度	セルシウス度	℃	K
光束	ルーメン	lm	$m^2 \cdot m^{-2} \cdot cd = cd$
照度	ルクス	lx	$m^2 \cdot m^{-4} \cdot cd = m^{-2} \cdot cd$
（放射性核種の）放射能	ベクレル	Bq	s^{-1}
吸収線量・カーマ	グレイ	Gy	$m^2 \cdot s^{-2} (=J/kg)$
（各種の）線量当量	シーベルト	Sv	$m^2 \cdot s^{-2} (=J/kg)$
酵素活性	カタール	kat	$s^{-1} \cdot mol$

　SI単位系制定時から議論があった角度の単位の**ラジアン**（rad）と**ステラジア ン**（sr)[6]は1995年に補助単位から組立単位に組み入れられた．固有の名称を もつ組立単位は必要に応じ追加され，数は一定ではない．

　さて，基本単位，組立単位により物理量が表現されるが，数値が大きくなると そのまま数字で書くのは不便である．そのため，表3・3に示すように10の整数 乗を表す接頭語が定められている．

■表3・3　10の整数乗を表す接頭語

乗数	接頭語	記号	乗数	接頭語	記号
10^{-24}	ヨクト	y	10	デカ	da
10^{-21}	ゼプト	z	10^2	ヘクト	h
10^{-18}	アト	a	10^3	キロ	k
10^{-15}	フェムト	f	10^6	メガ	M
10^{-12}	ピコ	p	10^9	ギガ	G
10^{-9}	ナノ	n	10^{12}	テラ	T
10^{-6}	マイクロ	μ	10^{15}	ペタ	P
10^{-3}	ミリ	m	10^{18}	エクサ	E
10^{-2}	センチ	c	10^{21}	ゼタ	Z
10^{-1}	デシ	d	10^{24}	ヨタ	Y

3　国際単位（SI）の使い方

Usage of SI

1. SI単位にない単位の扱い

　SI単位は，基本単位から組立単位を作るときに1以外の数値が現れないよう に体系づけられている．このことを「**SI単位はコヒーレントな単位系である**」 という．しかし前にも述べたように単位は人類の歴史と共にあり，いわば言語に 近い性格をもっていて，使い慣れた単位を一編の法律で変更することは，日常生 活に不便であるばかりでなく，安全管理の面でも問題がある．このことに配慮し

Note
[6]　角度の単位radとsrの次元はそれぞれm/m，m^2/m^2で，無次元である．無次元の量に単位 をつけることが一つの問題で，このために周波数（次元は回/s）と角周波数（次元はrad/s） では2π倍の差が出ることになる．

■表3・4　SI単位と併用が許されている単位

量	単位の名称	単位記号	定義
時間	分	min	$1\ \mathrm{min}=60\ \mathrm{s}$
	時	h	$1\ \mathrm{h}=60\ \mathrm{min}$
	日	d	$1\ \mathrm{d}=24\ \mathrm{h}$
平面角	度	°	$1°=(\pi/180)\,\mathrm{rad}$
	分	′	$1′=(1/60)°$
	秒	″	$1″=(1/60)′$
面積	ヘクタール	ha	$1\ \mathrm{ha}=1\ \mathrm{hm}^2=10^4\ \mathrm{m}^2$
体積	リットル	L	$1\ \mathrm{L}=1\ \mathrm{dm}^3$
質量	トン	t	$1\ \mathrm{t}=10^3\ \mathrm{kg}$

て，実用上重要である単位は，SI単位と併用することが認められている．それらの単位を表3・4に示す．

　表3・4以外にも特殊な分野で用いられる単位，例えば量子力学分野の電子ボルト（単位記号 eV）や原子質量単位（単位記号 u）などのようにSI単位と併用が許されている単位がある．また，表3・2に記載されている量とSI単位との換算は特に問題はないが，その他の非SI単位とSI単位との換算には注意が必要である．日本の場合は**日本工業規格**（Japan Industrial Standard: JIS）の JIS Z 8202 に換算率が規定されている．

2. 単位の10の整数乗倍の表し方

　日常的に使用される量の数字のオーダが，1単位に比較して非常に大きいときや小さいときには，表3・3の接頭語を用いて表す．例えば大気圧は約98 000 Pa となるが，これを 98 kPa または 0.098 MPa と表す．数値は 0.1 から 1 000 の間になるようにするのがよいが，一連の記述の中で数値が 1 または 1 000 をまたぐときは必ずしもこの限りではない．例えば気圧は hPa が使われるが，1 000 を超える数値がそのまま使われている．

3.3　ロボット・メカトロニクスに使われる代表的なセンサ
Sensors for Robot-Mechatronics Systems

　3.1節で触れたように，センサはロボットの内部状態を知るための内界センサと，周囲（環境）の状態を知るための外界センサに分類できる．具体例をあげると次のようになる．

　内界センサ：位置センサ，変位センサ，加速度センサ，姿勢センサ

　外界センサ：力センサ，距離センサ，視覚センサ

　この分類は厳密ではなく，内界センサとして分類してあっても外界センサとして使用するものもある．例えば位置センサ，力センサなどは両方の用途に用いられることが多い．上記以外にも温度センサや湿度センサ，磁気計測や物体の位置・回転検出などに使われる磁気センサ，化学物質を検知する化学センサ，特定のガスに反応するガスセンサなどがあるが，ここでは触れないので専門書を参照されたい．以下，上述の代表的な各々のセンサについて解説しよう．

① 位置センサ

Position Sensor

　物体の位置や有無を検知するためのセンサである．

1.　リミットスイッチ（**Limit Switch**）

　接触を検知するセンサであり，接点が触れたり離れたりすることで回路が開閉するという単純な構造で，接触という事象を検知する．内部にバネがあり，決まった方向にある値以上の外力が加わることでスイッチがON/OFFする（図3・5）．

2.　リードスイッチ（**Reed Switch**）

　磁石を近づけたり遠ざけたりすることによりON/OFFをするセンサで，小型軽量である．接点が外気に触れないようガラス管内部に不活性ガスとともに封入されており，磁力によって接点が接近・乖離をする（図3・6）．

3.　ホトインタラプタ（**Photo-Interrupter**）

　発光素子としての**発光ダイオード**（**LED**）と，受光素子としての**ホトトラン**

Note

ヒンジレバー
可動接点
バネ
COM　NO　NC

COM：Common
NO：Normally Open
NC：Normally Contact

(a) 構造　　　　　　　　(b) 外観

●図3・5　リミットスイッチ

写真提供：オムロン(株)

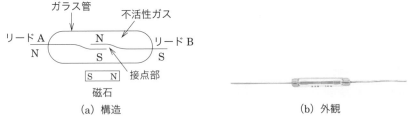

ガラス管　　　不活性ガス
リードA　　　N　　　リードB
N　　　　S　　　S
S　N　接点部
磁石
(a) 構造　　　　　　　　　　(b) 外観

●図3・6　リードスイッチ

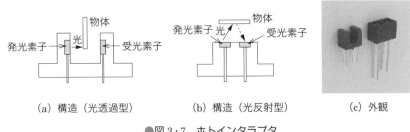

物体　　　　　　　　物体
発光素子　光　受光素子　　発光素子　光　受光素子

(a) 構造（光透過型）　　(b) 構造（光反射型）　　(c) 外観

●図3・7　ホトインタラプタ

ジスタ（あるいは**ホトダイオード**）からなる．ホトトランジスタは受光部に光が当たると，コレクタとエミッタの二つの端子間に光量に応じた電流が流れる．この原理を応用して発光ダイオードから発する光が物体によって遮られるか否かで物体の有無を検知する．検出する物体を挟むように発光ダイオードとホトトランジスタを配置する**光透過型**と，発光ダイオードとホトトランジスタを物体に対して同じ側に配置して物体表面の反射を利用する**光反射型**がある．

❷　変位センサ

変位（長さ，距離），回転角度などの物理量を測るセンサである．単位時間当たりの変位を計測して速度センサとして使用する場合もある．

1.　ポテンショメータ（Potentiometer）

可変抵抗器を円周状に丸めたものと，スライダ（摺動子）からなる．スライダと可変抵抗の間の抵抗値が回転角に比例して変化する．全体の抵抗 R に対応した角度は有効電気的角度 θ_f と呼ばれる．抵抗両端に電圧 E_i をかけ，スライダ部分の電圧 E_o を計測する．この場合，スライダ部の角度 θ は

$$\theta = \frac{E_o}{E_i}\,\theta_f$$

となり，角度の変化を電圧の変化として検出する．

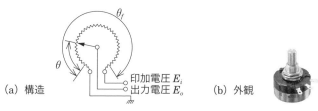

（a）構造　印加電圧 E_i　出力電圧 E_o　（b）外観

●図 3・8　ポテンショメータ
写真提供：アールエスコンポーネンツ（株）

2.　エンコーダ（Encoder）

運動する物体の変位あるいは角度を検出するセンサである．前出のホトインタラプタの機構を利用している．直線的な運動用のものをリニアエンコーダ，回転運動用のものをロータリエンコーダという（図3・9）．光学式，磁気式，電磁誘導式などがあるがここでは光学式について説明する．

光学式ロータリエンコーダはホトインタラプタの隙間に，微小な隙間（スリット）の開いた遮光板を配置した構造になっている（図3・10）．遮光板が運動することで発光ダイオードから発した光がスリットを通してホトトランジスタで検出

Note

（a）リニアエンコーダ

（b）ロータリエンコーダ

●図3・9　リニアエンコーダとロータリエンコーダ
（a）ハイデンハイン社カタログより引用
（b）写真提供：アールエスコンポーネンツ㈱

されたり，遮られて検出されなかったりする．すなわち，ホトトランジスタの受光量の変化により出力電位に応じたパルス信号が発生する．このパルスを数えることで移動量や角度を計算する．

　出力パルス信号の形式により，相対変位を検出する**インクリメンタル方式**と，絶対変位を検出する**アブソリュート方式**がある．インクリメンタル方式では，1/4 ピッチ，すな

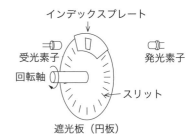

●図3・10　エンコーダの原理
（ロータリエンコーダ）

トラック
A
B
Z
円板

トラック
A
B
C
D

A 2^0
B 2^1　スリット
C 2^2　（直線状に伸ばしたもの）
D 2^3

A
B

出力波形

（a）インクリメンタル方式　　（b）アブソリュート方式

●図3・11　エンコーダの角度検出方式

わち$\pi/2$の位相差が生じるようにスリットを配置して，2相の信号（A相，B相）を出力させることで正転逆転の判別ができるようにしている．さらにインデックス用に1回転に1パルス出力するZ相出力もある（図3·11(a)）．アブソリュート方式では回転遮光板に2分割，4分割，8分割，16分割と分解能に応じて分割したスリットをトラック同心円状に配置し，トラック数と同数のホトインタラプタを用いる（図3·11(b)）．インクリメンタル方式が零点調整をしてからの相対角度を検出するのに対し，アブソリュート方式では回転角度の絶対位置を得ることができる．

③ 加速度センサ

Acceleration Sensor

機械内部の振動制御，ロボットの動的運動制御などのために加速度を計測するセンサである．センサ内部にある小物体が加速度を受けて運動した変位あるいは慣性力を測定する．基本的にはバネ-マス系（ダッシュポットが入る場合もある）である（図3·12(a)）．構造的にはたわみを計測する**片持はり型**（先端に質量，図3·12(b)），質量の変位を0に保つように制御する**変位サーボ型**，圧電効果によりひずみを計測する**圧電素子型**などがある（図3·12(c)）．また，計測方式にはコンデンサの静電容量の変化で検出するもの，ひずみゲージの抵抗変化で検出するもの，ピエゾ抵抗効果による抵抗変化で測るもの，圧電効果を利用するもの，などさまざまある．測定できる加速度の大小と分解能はトレードオフの関係にある．

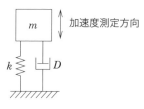
(a) バネ-マス-ダッシュポット系

(b) 片持はり型

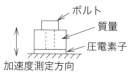
(c) 圧電素子型

●図3·12 加速度センサのタイプ

Note

†7 （次頁注）SN比（Signal to Noise ratio）とは，S（信号）とN（ノイズ）の比率を対数で表したもの．単位にはdB（デシベル）を用いる．

　ところで，変位情報を1階微分，2階微分するとそれぞれ速度情報，加速度情報を求められるが，微分を用いてそれらを求めることは推奨できない．微分を行うことにより，高周波領域においてノイズが増加して測定の**SN比**[7]が悪化する．逆に，加速度を積分することで速度情報，変位情報を取得するほうが望ましい．

④　姿勢センサ

Attitude Sensor

　姿勢の変化（角速度）や，重力方向からの傾きを検出するセンサである．

1. ジャイロセンサ（Gyroscope Sensor）

　正しくは**レートジャイロ**といい，角速度を検出する．機械式，光学式，振動式などがあるが，ここでは振動式について説明する（図3・13）．レートジャイロ内部には振動子（片持ちはり，音叉）がある．加振された振動子が軸回りに回転し，角速度が発生すると，**コリオリの力**[8]が働き，加振方向に直交した方向にも振動が発生して振動周波数が変化する．その変化が角速度に比例するので，計算により角速度を求めることができる．

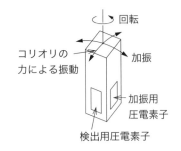

●図3・13　振動ジャイロの原理

2. 傾斜センサ（Inclination Sensor）

　内部にコイルと振り子があり，振り子の先に磁石をつるしておく（図3・14）．センサが傾斜することによってコイルと振り子先端の磁石の間隔が変化するが，それが水平状態と同等となるようにコイルに電流を流すサーボ

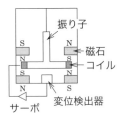

●図3・14　傾斜センサ

制御をかける．傾きが微小ならばコイルに流れる電流と傾き角が比例するので，その電流値を検出することで傾きを計算できる．

⑤　力センサ

Force Sensor

　張力，重量，圧力，応力，ひずみなどの力学量を検知するセンサである．

1.　ひずみゲージ（**Strain Gauge**）

断面と材質が均一な金属材料に引張力 P が加わると，断面積 A が小さくなり，長さは λ だけ伸び，材料内部には応力（圧力）σ が発生する（図3·15）．元の長さ

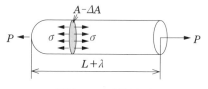

●図3·15　材料変形

を L とすると，λ/L をひずみ ε という．ここで，縦弾性係数（ヤング率，6.3 節にて説明）を E とすると，フックの法則により以下の関係式が成り立つ．

$$\sigma = \varepsilon E$$

金属の抵抗率を ρ とすると抵抗 R は以下のとおりである．

$$R = \rho \frac{L}{A}$$

変形により抵抗値が ΔR〔Ω〕変化したとすると，ひずみとの間に以下の式が成立する．

$$\frac{\Delta R}{R} = K\varepsilon$$

ここで，K はゲージ率と呼ばれ，金属の材質によって決まる定数である．

以上のとおり，金属に発生したひずみ量は抵抗の変化量に比例し，抵抗変化を電圧変化として検出すれば力を求めることができる．この原理を応用したものがひずみゲージである（図3·16）．

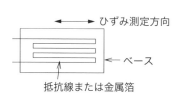

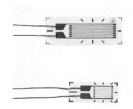

（a）構　造　　　　　　（b）外　観

●図3·16　ひずみゲージ
写真提供：アールエスコンポーネンツ(株)

Note

†8　コリオリの力とは慣性力の一種であり，転向力ともいう．回転座標系上で運動する物体は運動方向と直交する方向に運動速度に比例したコリオリの力を受ける．台風の渦が北半球で反時計回りになるのはコリオリの力の影響である．

ひずみゲージを使用する場合はホイートストンブリッジ回路を構成し，引張力／応力の大きさを電気量に変換する．ひずみゲージを利用して力を検出するものが力センサである．ひずみゲージを複数枚，直交して用いることで，複数の軸方向の力を検出できるようにしたものもある．トルクセンサの一部もひずみゲージを利用している．

6 距離センサ

距離を測定するセンサである．主に超音波式と光学式（赤外光，レーザ）がある．前者は測定対象物が吸音材の場合は超音波が吸収されてしまうため使用できない．後者は測定対象の色の違いにより，測定誤差が異なる．測定対象物，環境によって使い分ける必要がある．

1. 超音波センサ（**Ultrasonic Sensor**）

ある種の物質の結晶に外力を付加して変形させるとひずみが生じ，そのひずみに応じた電位が発生し（圧電直接効果），また，電界を付加すると結晶にひずみが生じる（圧電逆効果）．この圧電効果を超音波という媒体の送受信に利用して，距離を計算する．まず，送信の場合，高電圧を瞬間的に印加・切断することで素子が固有振動数に応じて振動し，空間中に超音波がパルス的に放射される．受信の場合は，素子の固有振動数に近い超音波を受けて共振する現象を利用して，送信側が発した超音波を検出する．つまり受信したパルスとの共振によって生じた電気信号を増幅して取り出す．図 3・17 に構造，外観を示す．

超音波を送信し，物体からの反射波を受信するまでの往復時間 Δt を計測し，音速 V〔m/s〕との積を求めると次式により物体までの距離 L が計算できる．これを TOF（Time of Flight）方式という．

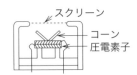

（a）超音波送受信素子

（b）外観

●図 3・17　超音波センサ

$$L = \frac{V\Delta t}{2}$$

ここで，気温 T〔℃〕の場合の音速 V〔m/s〕は，次式で表される．

$$V = 331.5 + 0.6T$$

光学式距離センサに比べて，超音波は速度が遅いため計測に時間がかかる．そのため多くの点の計測をする場合は複数の超音波センサを用いることが多い．しかし，同時に用いる場合は超音波が互いに干渉しないように，送信タイミングをずらす，または送信信号に固有の信号をつけてどのセンサから発したものか識別する，などの工夫が必要となる．

2. 光学的距離センサ（Range Sensor）

赤外光，レーザなどの光を物体に照射し，表面で反射した光を測定して距離を計算する．計測方式としては大きく分けて三角測量と TOF がある．前者は半導体素子から発振されるレーザを投光レンズで収束させ，測定対象で反射した光を受光素子上で結像させる．受光素子は後述の位置検出素子 PSD（Position Sensitive Device）を用いる．結像位置は測定対象までの距離により変化するため，距離と結像位置との関係を求めておけば距離を計算できる．

後者は投光素子から発射したレーザが反射して返ってくるまでの時間を測定するものであり，超音波センサで使用されているのと原理は同じである．しかし，音波に比べて光は速度が大きく，往復時間を直接計測することは困難である．そのため，光を変調して投光し，物体からの反射光との位相差から往復時間を計測する手法がある．また，距離方向の分解能を向上させるためには高度な技術が必要とされる．

レーザレンジファインダ（Laser Range Finder：LRF）やライダー（Light Detection and Ranging：LiDAR）と呼ばれる測域センサは，レーザ光を走査（スキャン）して周囲の物体や環境までの距離と方向を測定することができる．サービスロボットの自律移動や自動車の自動運転などに欠かせないセンサとなっている．

Note

7 視覚センサ

Vision Sensor

空間中の光強度分布を検知し，電気信号に変換するセンサである．かつては撮像素子として光電子放出型のイメージディセクタや光導電型の撮像管が用いられていたが，最近は **PSD**，**CCD** に代表される半導体光電変換を用いた固体撮像素子が多く用いられている．代表的機器としては CCD カメラなどの撮像装置とイメージスキャナなどの走査装置がある．CCD カメラは 3 次元空間に存在する物体の光学情報を 2 次元データとして取り込み，イメージスキャナは図面などの 2 次元的な光学情報を 2 次元データとして読み込む．ここでは PSD と CCD について簡単に紹介する．

1. PSD（Position Sensitive Device）

光が入射した位置を検出するセンサである．図 3・18 に示す構造をしており，光が当たるとその当たった位置に応じて二つの電極の出力電流に差が生じる性質を利用している．つまり図中の二つの電極 A，B の電流比により，受光位置が特定できる．PSD の長さを L，受光素子上における電極 A からの光の入射位置を X とすると，出力電流 I_A と I_B の比は次式で表され，位置 X が計算できる．

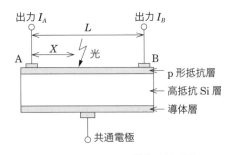

●図 3・18　PSD の構造（断面図）

$$I_A : I_B = (L - X) : X$$

$$X = \frac{L}{1 + \dfrac{I_A}{I_B}}$$

2. CCD（Charge Coupled Device）

固体撮像素子の代表である電荷結合素子（CCD）を使用したセンサである（図 3・19）．光を感知する光電変換部と，素子上の各点の光情報（電荷量）を取り出す電荷転送

●図 3・19　CCD の構造

部からなる．センサが直線状に並んだ**リニアイメージセンサ**と平面状に並んだ**エリアイメージセンサ**がある．前者はイメージスキャナに使われることが多く，後者は CCD カメラに使われる．

ここではエリアイメージセンサについて説明する．光が光電変換部に当たると光強度に応じた正電荷が蓄積される．この正電荷を電荷転送部で転送していく．まず垂直方向，次に水平方向に順次転送していき，1 枚の画面を構成する．CCDの代わりに MOS トランジスタを用いるカメラもある．

3.4 センサの変換方式

Operational Models of Sensors

① エネルギー変換型とエネルギー制御型

Energy Transformation Type and Energy Control Type

センサの入力量と出力量のもっているエネルギーに着目すると，センサを**エネルギー変換型**と**エネルギー制御型**の二つに分類することができる[9]．

エネルギー変換型（図 3・20(a)）では，入力量がもつエネルギー A がほとんどそのまま出力量のエネルギー B になる．この型では出力エネルギー B を大きくとると入力エネルギー A も大きくなり，これはセンサが対象からその分だけエネルギーを吸収することを意味する．例えば温度計測を考えると，温度計を対象に接触させることによって対象の温度の情報を得るが，同時に温度計は対象の

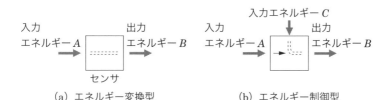

（a）エネルギー変換型   （b）エネルギー制御型

●図 3・20　センサ信号とエネルギー

Note

†9　(1) エネルギー変換型センサに利用される物理効果…圧電効果，磁歪効果，熱電効果，光起電力効果，光電子放出効果など．(2) エネルギー制御型センサに利用される物理効果…ひずみ抵抗効果，磁気抵抗効果，光導電効果，磁歪効果，ホール効果，ジョセフソン効果など．

熱量を吸収して対象の温度を下げてしまう．そのため測定精度に影響を及ぼす．

　一方，エネルギー制御型（図3·20(b)）では，出力エネルギー B は入力エネルギー A のもつ信号によって制御された別のエネルギー C により供給される．出力のもつエネルギーはエネルギー供給源 C から得られるので，対象を乱すことが少なく，したがって測定精度への影響も小さい．

❷ 物理法則とセンサ

Physical Laws and Sensors

自然を支配する物理法則は，次の4種類に分類することができる[10]．

(1) **保存法則**……エネルギー，質量，運動量，電荷などの保存則で，物理学にとって最も基本になる法則である．

(2) **場の法則**……運動の法則や電磁場の法則で，それぞれニュートンの運動方程式，マクスウェルの電磁方程式形に定式化される．

(3) **統計法則**……熱力学第2法則のように微視的な系と巨視的な系を関係付ける法則で，熱現象（ブラウン運動など）を扱う基礎になる法則である．

(4) **物質法則**……物質の巨視的な性質を表す法則で，ほとんどの場合，物質定数を含む法則で，物性論，材料科学の基礎になる法則である．

　これらのうちセンサに利用されるのは，"場の法則"と"物質の法則"である．前者を利用するセンサを**構造型センサ**，後者を利用するセンサを**物性型センサ**ということがある．例えば，差動トランスは"場の法則"である電磁誘導の法則を利用するから構造型である．構造型ではセンサの特性は場の性質（コイルや鉄心の寸法，形状など）に多く依存し，センサを構成する材料（鉄心にフェライトを使うか，パーマロイを使うかなど）の効果は副次的である．他方，半導体センサの多くは半導体の特性に依存するものが多く，例えば代表的な磁気センサであるホール素子は，使用する半導体（インジウムアンチモン InSb など）の材料定数によって起電力の大きさが異なる．

　一般に構造型センサは，分解能や精度を目的に合わせて設計できることが多く，性能も安定しているが価格は高い．物性型センサは，リソグラフィー技術を利用

して多量生産が可能で価格は安く，自動車や家電製品など大量生産品に使われる．しかし，半導体の性質から温度，湿度などの環境条件の影響を受けやすく，入出力特性は通常非線形であり，補償アルゴリズムなどと併用して用いられる[†11]．

3.5　センサの信号処理

Characteristics of Sensors

　センサの素子によって検出された直後の"信号"は微弱で，誤差やノイズを含み，そのままでは計測や制御に直接利用できる"情報"とはならない．情報として使えるようにするには信号処理や特別なアルゴリズム，増幅や調整が必要で，個々のセンサの特徴や原理を考慮し，誤差の低減や検出精度の向上を図らなくてはならない．本節では，センサについての一般的な特性について述べる．

1　測定環境による誤差

Effects of Measuring Environment

　図3・21に示すように，センサは対象について関心がある特性（X）を検出し，それを変換する．変換するのは後の信号処理や利用に合わせるためである．このとき，センサの出力には目的の情報（X）だけでなくその他の情報（U）も付随するのが普通である．また，これとは別にセンサ自体に作用してセンサの変換特性に影響を与え，その出力を変化させる入力成分（V）がある．U，Vはいずれ

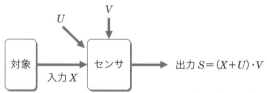

X：入力量（測定量）
U：入力に付随するノイズ
V：センサの特性に影響を与えるノイズ

●図3・21　測定環境とセンサの計測誤差

Note

† 10　押田勇雄『物理学の構成』培風館（1968）に詳しく述べられている．ただし本書は絶版．
† 11　「すべての測定器は温度計または振動計になる」といわれることがある．これは測定器にとって，測定の不確かさに与える影響のうち，温度と振動の影響を取り除くのが一番難しいことを逆説的に述べたものである．

も計測誤差の要因となる．

入力 U の例としては，力を測定する際の対象物の振動の影響があり，入力 V の例としては温度（変化）がある．一般に入力 U は，目的とする入力 X に重畳的に作用して入力 X に加算され，入力 V はセンサ出力特性（センサ感度など）に作用してセンサ出力 S を乗算する．すなわち

$$S=(X+U)\cdot V \quad (3\cdot1)$$

となる．U や V を小さくするには，測定対象や環境の整備（除振，温度管理，作業者の能力管理など）を行うことが必要である．特に半導体センサでは，温度により物性特性が大きく変化することがあり温度管理が重要である．センサ特性を維持するために，定期的なゼロ点調整，感度調整などの校正（キャリブレーション）を行うとともに，温度補償回路や温度補償アルゴリズムによりセンサ出力を補正することが大切である．

2 センサの静特性

Static Characteristics of Sensors

センサの出力（S）は入力の大きさ（X）によって変化する．これを式で書くと次のようになる．

$$S=f(X) \quad (3\cdot2)$$

センサの入出力の関係が環境条件や測定条件によらず常に式(3･2)で表され，関数 f の形が既知であれば，出力（S）から入力（X）を知ることができる．いま関数 f として図 3･22 のようなものを考えると，測定範囲全体にわたって入力と出力の関係が一次式で表されるのは f_2 である．このことからセンサとして好ましい関数は

$$S=kX \quad (3\cdot3)$$

である．ここに k は感度である．

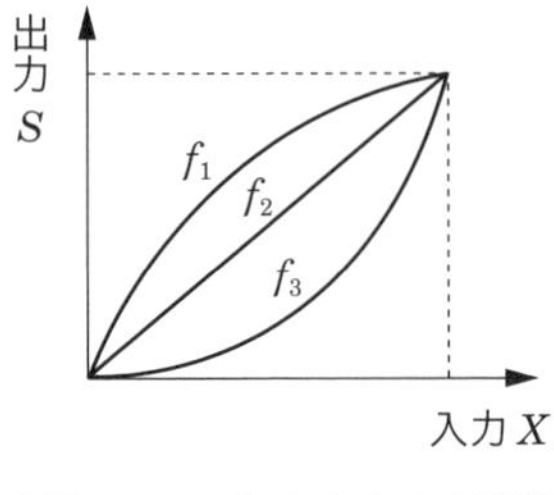

●図 3･22　入力と出力の関係

どんなセンサでも入力範囲は限られており，範囲を大きく取ると式(3･3)の一次比例関係が維持できなくなる．逆にいうと，センサの測定範囲は式(3･3)が近似的に成り立つ範囲ということになり，感度（入力 X と出力 S の比）が大きい

ほど測定範囲は小さくなる．セン
サの構造の非対称性，センサ材料
の物性特性によってセンサ特性が
式(3･3)のようになることはな
く，図3･23に示すようにさまざ
まな誤差がある．実際の特性曲線
と直線との差（出力の差）の最大
値をそのセンサの非線形誤差とい

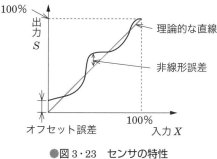

●図3･23　センサの特性

い，入力が0のときの出力をオフセット誤差という．

③ センサの動特性

Dynamic Characteristics of Sensors

　センサの入力量が時間的に変化するとき，その時間変化に，センサの出力量が
追随する度合いをセンサの動特性という．動特性は，入力量の時間変化（入力角
速度）に対する入力量と出力量の絶対値比（ゲ
インという）で表す．振動現象を測定するセ
ンサは測定可能な最大周波数が決められてい
て，それ以上の周波数の振動に対しては出力
が減少する．一例を図3･24に示す．センサ
の動特性は自動制御系と同じ考えで扱うこと
ができ，ほとんどのセンサは1次系か2次
系である（詳しくは7章を参照）．

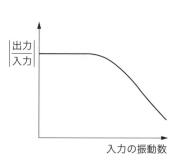

●図3･24　センサの動特性

Note

　その他，以下の文献も参照されたい．
[2]　西尾兼光，『エンジン制御用センサ』自動車工学シリーズ，山海堂，1999．
[3]　増田良介，『はじめてのセンサ技術』東京電機大学出版局，2011．
[4]　山﨑弘郎，『センサ工学の基礎』第3版，オーム社，2019．
[5]　稲荷隆彦，『基礎センサ工学』，コロナ社，2001．
[6]　谷腰欣司，『センサーのしくみ』，電波新聞社，2004．
[7]　三浦宏文　監修，『ハンディブック　メカトロニクス』改訂3版，オーム社，2014．
[8]　米田完・坪内孝司・大隅久，『はじめてのロボット創造設計』，講談社，2001．
[9]　日本ロボット学会　編，『新版　ロボット工学ハンドブック』，コロナ社，2005．
[10]　松田康広・西原主計，『計測システム工学の基礎』第4版，森北出版，2020．

理解度 Check

☑ センサには，ロボットが自分自身の状態を知るために必要なものと，ロボットが自分の周囲（環境）の状態を知るために必要なものがあり，前者を内界センサ，後者を外界センサという．検出したい物理量に応じて，適当なセンサを選択し，組み合わせることが大切である．

☑ 物理量を測定するときには単位を定めておく必要がある．現在の国際標準は国際単位系 SI に基づく．

☑ 国際単位系 SI は 7 種の基本単位，それから組み立てられる組立単位および単位量の 10 の整数乗倍を表す接頭語からできていて，組立単位の係数は 1 になるように体系づけられている（コヒーレントな単位系になっている）．

☑ センサの入力量と出力量のもっているエネルギーに着目すると，センサをエネルギー変換型とエネルギー制御型の二つに分類することができる．前者は入力量がもつエネルギー A がほとんどそのまま出力量のエネルギー B になっている．後者の場合，出力エネルギー B は，入力エネルギー A のもつ信号によって制御されたエネルギー C により供給される．出力のもつエネルギーはエネルギー供給源 C から得られるので，対象を乱すことが少なく，したがって測定精度への影響も小さい．

☐ 自然を支配する物理法則は，保存法則，場の法則，統計法則，物質法則に分類できる．これらのうちセンサに利用されるのは，場の法則と物質の法則である．前者を利用するセンサを構造型，後者を利用するセンサを物性型ということがある．

☐ センサ特性を維持するために，定期的なゼロ点調整，感度調整などの校正（キャリブレーション）を行うとともに温度補償回路や温度補償アルゴリズムによりセンサ出力を補正することが大切である．

Training 演習問題

● ● ● ●

1 人間が道路を歩いているときいろいろな障害物を避けながら歩いている. ロボットに道路を歩かせるとき, どのようなセンサが必要になるか. 人間と対比させて考えてみよ.

2 身近にある機器・システムで使われているセンサについて調べよ.

3 人間は検知できないが, センサを用いると検出できる物理量としては何があるか.

4 センサの出力信号が小さい場合, どのような点に考慮して処理をするべきか述べよ.

5 光の速さを 3.0×10^8 m/s とする. 地球から月までの距離 38 万 km を進むのに要する時間を求めよ.

単位の話

　測定を行うときの共通の尺度として「単位」は重要である．共通の単位系を用いることで，客観性をもって量の比較を行うこと，つまり定量化することができる．

　ものづくりの現場では，通常，複数のメーカから調達した部品を組み立てて，最終製品が生産される．品質を保証した信頼性の高い製品を生産するためには，それぞれの部品の寸法や特性が設計どおり（公差内）である必要がある．グローバルな商取引が日常となっている現在においては，海外から部品を調達することも多い．そのため，関連したすべての製造現場において，また，世界的にも計測値の整合性が求められる．

　現在では一貫性のある共通の単位系として，国際単位系（SI）が採用されている．国際単位系は，1960 年に国際度量衡総会で決定された統一単位系であり，その後日本でも導入が進められ，1998 年に移行が完了した．

　「単位の定義が変わる」と聞くと，不思議に思う人もいるかもしれない．しかし実際に，国際度量衡総会において改訂が行われている．長さの単位であるメートル（m）は，最初は地球の子午線全周の 4 000 万分の 1 と定められ，測量に基づいて推定された長さから決められていた．そして，白金 90 %，イリジウム 10 % 合金製のメートル原器がつくられ，1889 年にこのメートル原器の長さを国際標準とすることが採用された．その後，1960 年にクリプトン 86 のスペクトル線の波長を用いた定義に変更された．さらに，1983 年に真空中の光速度を用いた定義に変更されている．これら変更の背景には，科学技術の発展に伴う新たな測定方法の確立がある．より高精度に測定できる技術を適用して，定義の変更が行われている．

　2019 年 5 月 20 日の世界計量記念日には，国際単位系にかかる大改定が行われている [*]．七つの基本単位のうち，質量（キログラム），電流（アンペア），温度（ケルビン），物質量（モル）の四つの定義が改訂された．特に，質量に関しては，130 年ぶりの改定である．また，残りの長さ（メートル），時間（秒），光度（カンデラ）についても表現方法が変更されている．

[*]　国立研究開発法人産業技術総合研究所計量標準総合センターの Web ページに詳しい情報が掲載されている（https://unit.aist.go.jp/nmij/info/redefinition/）．

4章

●Actuator

アクチュエータ

学習のPoint

　ロボットあるいはメカトロニクスシステムに，駆動力を与え，動きを生み出すための構成要素がアクチュエータである．その小型化，高効率化などの性能改善は現在も日々進んでおり，近年の IC 技術の発展にも後押しされる形で，いまやわれわれはロボットシステムに適したアクチュエータを容易に入手できるようになった．選択肢が多いぶん，各種アクチュエータの動作原理を正しく理解し，それらを使いこなすことが，ロボット・メカトロニクスシステムの設計には大変重要である．

　本章では，主にロボットで使用されるいくつかの電気アクチュエータについて，それらの構造，駆動原理，作動方法を学習する．

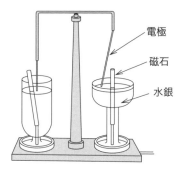

4.1 ロボット・メカトロニクスシステムとアクチュエータ
Role of Actuators in Robot and Mechatronics Systems

ロボット・メカトロニクスシステムにアクチュエータとして利用される電動モータの起源は非常に古く，19世紀初頭のさまざまな電磁現象の発見にまでさかのぼる．1821年にマイケル・ファラデー[†1]が，振り子状の電極に，その動きを妨げないよう水銀を介して電流を流し，固定した磁石の周りにその電極を回転させる単極モータの実験に成功した（図4・1）．これは電気エネルギーを機械の運

電極
磁石
水銀

●図4・1　ファラデーの単極モータ

動エネルギーに変換して利用できることを示した画期的な実験であった．その後，一例ではあるが，1838年にはチャールズ・G・ページ[†2]が電磁石の吸引力によりクランク車輪を回転させる電磁エンジンを考案し（図4・2），1880年代には，ニコラ・テスラ[†3]が実用的な誘導モータを発明している（図4・3）．

このようにモータの歴史は古く，いまやさまざまな駆動方式が提案されている．そして電気以外にも，油圧や空気圧などのエネルギー方式を用いたアクチュエー

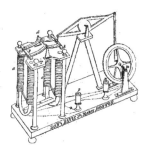

●図4・2　ページの電磁エンジン
文献［1］より引用

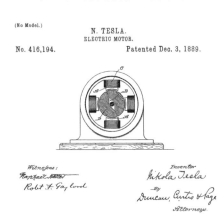

●図4・3　テスラの誘導モータ
1889年の米国特許［2］より引用

タも開発・製品化されており，個々のメカトロニクスシステムの用途に合ったアクチュエータを選ばなくてはならない．

　ロボット・メカトロニクスシステムの基本は，センサで情報を取得し，その情報をもとに計算機を用いて環境を認識して作業を計画し（プランニング），計画された動き・運動をアクチュエータにより実現し，環境と相互作用して新たな情報を得る，という繰り返しである（図4・4）．アクチュエータは，とかく単なる部品として見られがちであるが，センサと計算機とともに，ロボット・メカトロニクスシステムを支える重要な3本柱の一つである．SF映画に出てくるヒューマノイド型のロボットも，高度な人工知能ばかりでなく，その動きを実現するための小型・軽量，かつ高出力，高効率なアクチュエータが開発されなければ実現できないことに注目すべきである．

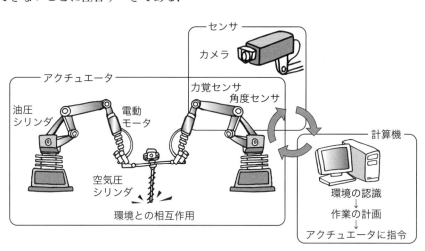

●図4・4　ロボット・メカトロニクスシステムの基本構成

　センサが物理量から電気信号への変換器であるとすれば，アクチュエータは電気，圧力，熱などのエネルギーから機械的な運動エネルギーへの変換器である．電気エネルギーを利用するアクチュエータの例が電動モータであり，空気や油の

Note

†1　マイケル・ファラデー（Michael Faraday，1791-1867）
†2　チャールズ・G・ページ（Charles Grafton Page，1812-1868）
†3　ニコラ・テスラ（Nikola Tesla，1856-1943）
[1]　C. G. Page, Benjamin Silliman's, *American Journal of Science*, Vol. XXXV, 1839.
[2]　N. Tesla, "Electric Motor", U. S. Patent 416 194, 1889.

圧力エネルギーを利用するのが空気圧や油圧のシリンダ型のアクチュエータであり，その動作原理に応じて長所・短所もさまざまである．

　一般に，アクチュエータに求められることは

（1）　小型・軽量であること

（2）　大きな力・トルクが発生できること

（3）　高速・高精度に目標の位置，速度に到達できること

（4）　エネルギー変換効率が高く，省エネルギーであること

（5）　メンテナンスフリーで，長寿命であること

（6）　低コストであること

などである．例えば，ロボットアームでは，手先を動かすアクチュエータは，肘や肩を動かす根元側のアクチュエータにとっては，そのまま荷重負荷となるわけであり，小型で軽量であることが求められる．また，アミューズメント機器やフライトシミュレータなどの動きを実現するアクチュエータは大きな力が発生でき，剛性も高くなければならない（図4・5）．また，一定の力で物体を把持させるシステムを構築する場合，例えば，空気圧のアクチュエータは安価で簡易に力制御が実現できるため，産業の現場において広く普及している（図4・6）．

　現在，ロボット・メカトロニクス分野で主に用いられる電動機（モータ）の解説に入る前に，油圧アクチュエータと空気圧アクチュエータについて紹介しておこう．

●図4・5　一輪車シミュレータに使用されている電動モーション装置[†4]

●図4・6　製材所で材木を把持する空気圧アクチュエータ[5]

写真提供：(有)大吉屋材木店

1 油圧アクチュエータ

Hydraulic Actuator

　油圧アクチュエータは油の圧力を利用して，力やトルクを生み出すアクチュエータである．高圧の油圧エネルギーを機械エネルギーに変換する装置であり，非常に大きな出力を得ることができる．電磁気モータや他のアクチュエータと比べて，出力/質量比やパワー密度（出力パワー/質量比）も大きい．また，可動部の構造がシンプルで，小型化が可能である．ただし，駆動力を得るためには油圧源が必要で，高圧の油圧エネルギーを生み出す装置を備える必要がある．さらに，作動油の保守や作動油内の空気の除去などが必要である．大出力などの特長を活かして，工場などで用いられる産業用機械や加工機械，成形機械，アミューズメントパークで利用される大型の遊具，建設現場における建設機械，航空機や船舶などさまざまな分野で用いられている．

　油圧アクチュエータには，直動運動を実現する「油圧シリンダ」や，連続回転運動を実現する「油圧モータ」，一定角度の交互の回転運動を実現する「揺動モータ」がある．ここでは，一般に多く用いられている油圧シリンダを例に構造や原理を説明しよう．図4・7に示すように，油圧シリンダは，本体であるシリンダと，その内側を摺動するピストン，ピストンに接続された出力軸であるピストンロッド，シリンダ内に作動油を供給するポートから構成される．図中のポートAか

Note

†4　一般的な油圧駆動以外にも，小規模なシステムには電動のものが使われるようになってきた．

†5　電動モータによっていったん空気を圧縮して空気圧エネルギーを蓄え，そのエネルギーを使って一定力で物体を把持するほうが，システム全体を安価に構築できる．

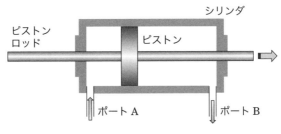

●図4・7　油圧シリンダの構造

　ら油が供給されると，ピストンは圧力を受けて押し出され，反対側にある油はポートBから排出される．このとき，ピストンは右側に動く．反対に，ポートBから油を供給し，ポートAから排出すると，ピストンは左側に動く．

　油圧シリンダにおけるシリンダ部は可動部分であり，アクチュエータシステムとして動作するためには，ほかに油圧源や制御弁（バルブ），配管や冷却装置などの付属装置が必要である（図4・8）．動作を制御するためには，センサやコントローラが必要となる．油圧源には，モータやエンジンなどで駆動する油圧ポンプと油圧タンクが用いられる．例えば，油圧ショベルなどの建設機械では，通常ディーゼルエンジンを動力源として，油圧ポンプを駆動し（ディーゼルエンジンで発電機を回し，その電力で油圧ポンプを駆動する場合もある），その圧力源を利用してアームやショベルを動作させる油圧シリンダや，クローラを駆動する油

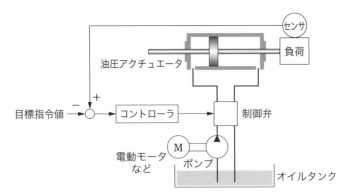

●図4・8　油圧アクチュエータの構成

圧モータを動作させている．制御弁には，圧力制御弁，方向制御弁，流量制御弁などがあり，目的に応じて組み合わせて使用する．

　前述したとおり，油圧アクチュエータは，出力／質量比が大きく，高速・高精度な位置決めや，速度制御，力制御が可能である．油圧アクチュエータの基本特性としては，（流体の圧力）×（ピストン断面積）が出力となる．圧力を制御することで，発生力を無段階に制御することが可能である．弁を閉じることで，力の保持も可能である．また，（流量）／（ピストン断面積）が速度となる．流量を制御することで，出力軸の移動速度を制御することが可能である．大きな力を得るためには，ピストン断面積，つまりシリンダ径を大きくするか，動作圧を高くするかのどちらかである．一方，速い応答速度を得るためには，流量を大きくするか，シリンダ径を小さくするかのどちらかである．使用目的や仕様に合わせて，シリンダや，ポンプ，制御弁，チューブなどを適切に選定する必要がある．

2 空気圧アクチュエータ

Pneumatic Actuator

　空気圧アクチュエータは，圧縮空気の流体エネルギーを機械エネルギーに変換する装置である．基本的な構造は油圧アクチュエータと同様である．動作機構としても，直動運動する「空気圧シリンダ」，連続回転運動する「空気圧モータ」，一定角度で交互に回転運動する「揺動モータ」がある．

　油圧アクチュエータと比べて，システム構成も簡易で，軽量に，安価に実現できるため，産業用機械，輸送機械などの自動化生産機械の中で，多く用いられている．空気を利用していることから，油漏れなどで周囲を汚染する心配もなく，クリーンな環境を構築することも容易である．身近なところでは，電車やバスのドアの開閉に用いられている．また，歯科医院で用いられている医療器具（歯を削る道具）にも空気アクチュエータの一種が用いられている．

　圧縮性のある気体を駆動流体として用いているために，油圧アクチュエータに比べると高精度な制御が難しく，負荷による速度変動もある．そのため，産業用機械においては，シリンダのストロークやストッパを用いて決まった範囲を移動

Note

させることが多い．また，単純なオン・オフ制御を適用することが多い．

　しかし，最近では，制御バルブの性能向上や制御アルゴリズムの改良により，高精度な位置決めや力制御が可能となってきている．駆動に用いる空気圧の制御により発生力を制御することができ，また，空気の圧縮性を活かして，柔軟なコンプライアンス特性をもたせることも可能である．つまり，外から力を加えたときに，その力を受けて変形し，ゆっくりと押し返すようなバネ特性をもった柔軟な動作の実現も可能である．圧縮性のある空気を高圧で用いると，安全上の問題もあるため，使用可能な圧力が制限されている．油圧アクチュエータと比べると，通常は1/100〜1/10程度の圧力で駆動される．このため，空気圧アクチュエータの出力パワーは人間と同程度となり，人間との直接の接触がある，介護・福祉分野での適用が期待されている．

　前述した空気圧シリンダなどの従来型の空気圧アクチュエータは，シリンダ部が金属で構成され，変形しないようになっている．一方，機構自体が柔軟な材料で構成されている「ソフトアクチュエータ」と呼ばれる空気圧アクチュエータも存在する．その代表が，「マッキベン型空気圧アクチュエータ」と呼ばれるものである．ゴムチューブの周囲をスリーブと呼ばれる伸び縮みしない繊維を格子状に編んだ網で覆った構造をしている．空気を注入するとゴムチューブが膨らみ，長さ方向に収縮力を発生する（図4·9）．金属のシリンダとは異なり，柔軟性があり，不意に接触した際にも安全性を確保できる．空気圧人工筋とも呼ばれ，商品化もされている．特に，リハビリテーションや人の作業支援機器などへの導入が検討されている．

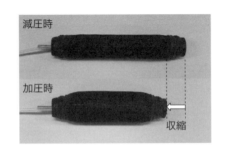

●図4·9　マッキベン型空気圧アクチュエータ

4.2　ロボット・メカトロニクスに使われるアクチュエータ
Actuators for Robot and Mechatronics Systems

現在, ロボット・メカトロニクスの分野で使われるアクチュエータは, 電動モータが主流である. 主な電動モータは, 大別すると図4·10に示すように**直流モータ**, **交流モータ**, **ステッピングモータ**に分類できる.

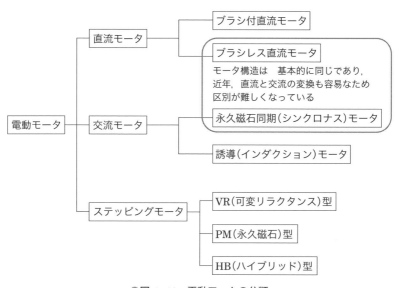

●図4·10　電動モータの分類

1　直流モータ

DC Motor

図4·11は模型などにもよく使われる小型の**ブラシ付直流モータ**である. ブラシ付直流モータの動作原理は簡単で, **固定子**（ステータ）側に永久磁石を用いて磁界を作り, その磁界中に鉄などをコアとしたコイルを巻いた**電機子**（アマチュア）を**回転子**

●図4·11　小型ブラシ付直流モータの外観

Note

73

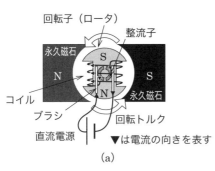

整流子とブラシの接点が切り替わり，電流の向きが変わる

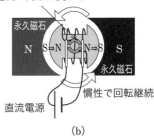

(a)　　　　　　　　　　　　　　　(b)

●図4・12　簡単化したブラシ付直流モータの動作原理

（ロータ）として配置する（図4・12）．モータを回転させるためのトルクは，固定子の永久磁石とコイルに電流を流すことで励磁される電磁石の吸引力と反発力により発生する．この回転トルクは，図4・12(a)の位置で最大となり，図(b)の位置で0となる．図(b)の位置からも回転子の慣性で回転は続くが，電流の向きをここで切り替えないとトルクが回転を妨げる向きに変わってしまう．この電流の切替えをタイミングよく行うために整流子とブラシがある．ブラシは固定子側にあり直流電源に結線され，整流子は2分割されコイルの両端に結線されている．モータの回転に合わせて整流子はブラシと摺動接触しながらコイルへ流す電流の向きを切り替える．回転子が図(b)の位置を超えた時点で，整流子とブラシの接点が切り替わるので電磁石の極性が変わり，再び回転を続ける向きにトルクが生じる．この例では回転子が1回転する間に2回トルクが0となり，2回極大となる位置があり，回転に同期して周期的にトルクが脈動する（図4・13）．このトルクの脈動を**トルクリップル**という．実際のモータでは，トルクリップルを軽減するために，電機子の多スロット化などが行われている[6]．

図4・14は図4・11のブラシ付直流モータを分解したものであり，このモータの固定子の永久磁石は2極，電機子は3

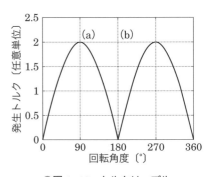

●図4・13　トルクリップル

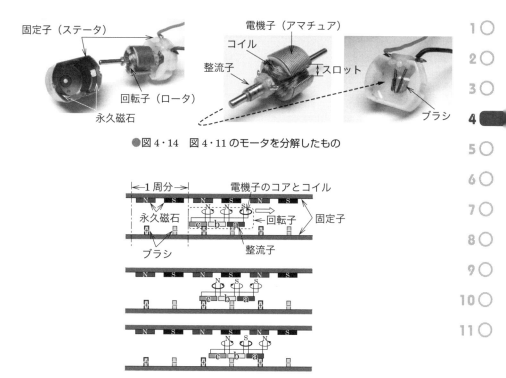

●図4・14　図4・11のモータを分解したもの

●図4・15　固定子2極，回転子3スロット電機子モータの切替えタイミング

スロットである．図4・15は，このモータの電流切替えのタイミングを理解するために，モータ内の回転運動を直線運動に模式的に展開した図である．固定子側の永久磁石とブラシの数は実際には二つであるが，回転に伴い繰り返し通過するため，直線方向に繰り返し現れるように記してある．電機子に巻かれたコイルが整流子とブラシによりタイミングよく励磁されて，回転子が固定子の永久磁石との磁力によって次々と前進していく（実際は回転していく）仕組みがわかるだろう．図4・16は3スロットのモータのトルクリップルであるが，3スロットにすることで図4・13の場合と比べてトルクの脈動が低減していることがわかる．

　直流モータの動作を理解するうえでもう一つ重要な要素はコイルが磁界を横切

Note

†6　モータの回転に伴うトルクの脈動にはほかにコギングがある．これはトルクリップルと異なる静的な現象で，回転子の電機子と永久磁石の間に働く磁力の変動により生じる．通電しない状態で，モータを手でゆっくり回したときに，手にコツコツと感じるトルク変動のことである．

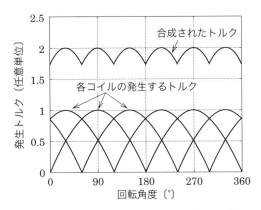

●図4・16　3スロットモータのトルクリップル

ることにより発生する誘導起電力である．これは**逆起電力**と呼ばれ，直流モータの回転角速度に比例して増加し，回転を妨げる向きに起電力を生じる．すなわち，コイル抵抗での電圧降下と逆起電力の合計が電源電圧となる．十分にトルクリップルが平滑された直流モータが発生するトルク T は，コイルに流れる電流 i に比例するので，その比例定数[†7]を K_T とすると

$$T = K_T i \tag{4・1}$$

なる関係が成立する．また，逆起電力とモータ回転角速度 ω の比例定数[†8]を K_E とすると，定常状態（回転数が一定の状態）では

$$E_a = Ri + K_E \omega \tag{4・2}$$

となる．ただし，E_a は電源電圧，R はコイル抵抗である．式（4・1）および式（4・2）より i を消去して整理すると

$$T = -\frac{K_T K_E}{R} \omega + K_T \frac{E_a}{R} \tag{4・3}$$

となる．したがって，直流モータのトルクと回転角速度の間の定常（静的）特性は図4・17に示したような垂下特性となる．

　モータを高速で起動・停止するような場合は，さらに動的な特性にも着目する必要がある．ブラシ付直流モータの説明の最後に，この動特性について，その性能を改善するための電流制御とあわせて説明する．

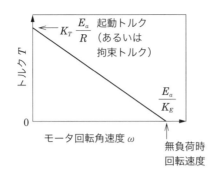

●図4・17　ブラシ付直流モータのトルク垂下特性

図4・18は，直流モータのコイル部の回路と，モータに接続される負荷を簡単にモデル化したものである[9]．指令値である電圧入力を時間 t の関数として $v(t)$ とすると，コイル電流 $i(t)$，回転角速度 $\omega(t)$ との関係は次の微分方程式で表すことができる．

$$v(t) = Ri(t) + L\frac{di(t)}{dt} + K_E\omega(t) \qquad (4\cdot4)$$

$$K_Ti(t) = J\frac{d\omega(t)}{dt} + D\omega(t) \qquad (4\cdot5)$$

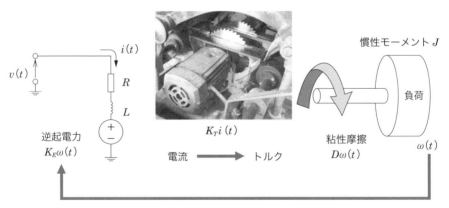

●図4・18　モータ（電気回路系）と負荷（機構系）のモデル

Note

†7　この比例定数はトルク定数と呼ばれる．

†8　この比例定数はトルク係数と等しくなる．

†9　逆起電力の影響を考慮するためには，モータ負荷である機構系の特性もあわせて考慮しなければならない．また，実際には負荷とモータの接続は減速機を介することが一般的である．

ここで，J は負荷の慣性モーメント，D は粘性摩擦係数，R はコイル抵抗，L はコイルインダクタンスである．式 $(4\cdot4)$，式 $(4\cdot5)$ をラプラス変換[†10] し，$\mathcal{L}[i(t)]=I(s)$，$\mathcal{L}[v(t)]=V(s)$，$\mathcal{L}[\omega(t)]=\Omega(s)$ と表記して整理すると

$$I(s) = \frac{1/R}{\dfrac{L}{R}s+1}\{V(s)-K_E\Omega(s)\} \tag{4・6}$$

$$\Omega(s) = \frac{1}{Js+D}K_TI(s) \tag{4・7}$$

となり，これをブロック線図[†11] にまとめると図4・19 となる．ここでわかるように，指令値として電圧がステップ状に加えられた場合，電流の立上り特性は時定数 L/R の1次遅れ系に支配される．この1次遅れ系に起因する立上りの遅さを改善して，指令値電圧に比例するトルクが負荷に高速に加えられるようにするための制御が**電流制御**である（図4・20）．電流制御系では電流に対する指令 $i_r(t)$

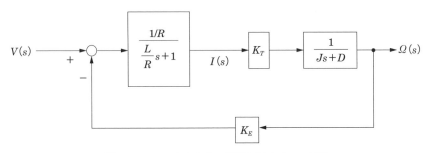

図4・19　モータと負荷の関係を示すブロック図

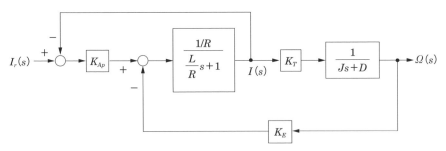

●図4・20　電流制御を付加した場合のブロック図

が入力となり，コイル電流のセンシング結果を高ゲインでフィードバックする制御系となっている．

電気回路が飽和しない範囲では電流制御により逆起電力は十分補償できているので $K_E = 0$ とすると，図4·20の指令値 $i_r(t)$ から電流 $i(t)$ までの伝達関数は

$$I(s) = \frac{K_{Ap} / (R + K_{Ap})}{\dfrac{L}{R + K_{Ap}}s + 1} I_r(s) \qquad (4 \cdot 8)$$

となる（導出は演習問題2とする）．この場合，時定数は式（4·6）の L/R から $L / (R + K_{Ap})$ へ改善され，K_{Ap} が十分に大きい場合，実用上は図4·21のような簡単なモデルで取り扱うことができるようになる．

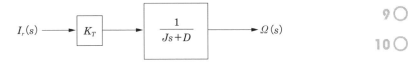

●図4·21　電流制御により簡易化されたモータと負荷のモデル

以上に述べたブラシ付直流モータは後述の**ステッピングモータ**と比べて電流の切替え回数が少なく，簡単な回路で駆動できるため一般に安価である．また，後述の**誘導モータ**と比べると，起動トルクが大きく，モータの正転・逆転の切替えが容易で，効率も良い．一方で，ブラシと整流子という機械的に摺動する部品があるために保守性や寿命の点では他のモータと比べると不利であり，接点からノイズや火花が発生するという短所もある．ブラシ付直流モータは安価で駆動が容易であり，さまざまなサイズのものが入手しやすいので，玩具・模型にはじまり，ヘアドライヤー，電気剃刀，DVDプレーヤ，カメラなど各種家電，電動工具，自動車電動部など非常に多くの機器に使われている[12]．

ブラシレス直流モータはブラシ付直流モータの弱点であったブラシと整流子を

Note

†10	2章参照のこと．
†11	7章参照のこと．以下の記述についても同様．
†11	実際の回路では，電流はコイルに直列に接続された抵抗から電位差として計測される．電流指令値も電位差として回路に入力され，演算増幅器（OPアンプ）を用いた高ゲインの電流フィードバック制御系が構成される．
†12	位置や速度を指定の値に制御できる駆動機能が付いたものは，直流サーボモータと呼ばれ，これも，また広く使われている．

なくした構造のモータであり，エレクトロニクスの進歩により回路による電流の切替えが容易となったことを背景に急速に普及している．基本構造は，図4·12のブラシ付直流モータの永久磁石のある固定子を回転子とし，コイルと電機子のある回転子を固定子として使用することでブラシと整流子を廃し，コイル電流の向きを回路により切り替えられるようにしたものと考えればよい[†13]．ホール素子と呼ばれる磁気センサで回転子である永久磁石の位置を検出して（ブラシ付モータの場合でブラシと整流子で行っていた電流切替えと同じタイミングで），回路によりコイルの電流の向きを切り替えて，モータを回転させる．ブラシレス直流モータの特性は基本的にブラシ付直流モータと同じであり，前述のブラシ付直流モータの利点はそのままに，長寿命化やノイズの低減を実現している．ハードディスクのディスク回転用のスピンドルモータなどノイズ対策が重要な機器で初めは採用され，そして近年は低価格化も進み，次々と従来のブラシ付直流モータに取って代わりつつあり，その用途は拡大している．

❷ 交流モータ

AC Motor

　永久磁石（PM）同期型（図4·10参照）の交流モータは，構造的にはブラシレス直流モータと同じである．以下では，前項のブラシレス直流モータの動作原理をより深く理解することもかねて，**PM同期モータ**のベクトル制御について学ぶ．この手法により制御されるPM同期モータは，現在，産業用ロボットのアクチュエータの主流となっている**ACサーボモータ**として広く普及している．

　ここでは，3スロットの固定子と，表面に2極の永久磁石を配した回転子をもつ**SPM同期モータ**[†14]を例に考える（図4·22）．いまモータのu，v，wの各相に位相が120°ずつ異なる交流電流が流れている場合を考えよう（図4·23左）．位相が210°のときモータの励磁状態をベクトルで示すと図4·23右のようになることがわかるだろう．この例では三相の合成ベクトルは交流の位相が進むにつ

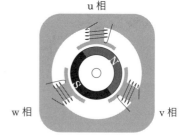

●図4·22　SPM型の同期モータの基本構造

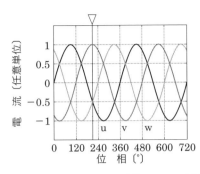

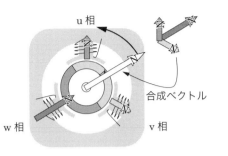

●図4・23 三相励磁によるベクトル合成

れて反時計回りに回転する．この合成ベク
トルをu, v, wの各相の電流によって制
御して所望のトルクを得る手法がSPM同
期モータのベクトル制御である．ベクトル
制御では，この三相の成分を表す3軸の
固定座標系に加え，制御系の構成を簡単に
するため固定2軸の$\alpha\beta$座標系，さらに回
転子側に固定され回転するdq座標系を考
える（図4・24）．ここでd軸は回転子の

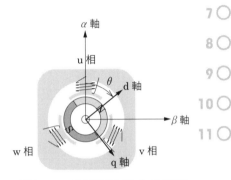

●図4・24　座標系の定義（$\alpha\beta$座標系
と dq 座標系）

N極の向きに固定され，そこから90°回った向きにq軸が固定される．このdq
座標で合成ベクトルを測れば，回転子側を励磁するためのd軸成分とトルク発
生のためのq軸成分とを切り分けられるので制御系への指令値が回転角度によ
らなくなり，その設定が容易になるのである．SPM同期モータの場合は，所望
トルクに応じてq軸の電流成分を指令値として設定し，回転子側の励磁は必要
ないのでd軸成分は一般に0と設定する[15]．

Note

†13　永久磁石の回転子が外側にあるものはアウターロータ型と呼ばれる．これ以外に，永久磁石
　　　の回転子を内側にしてその外側を固定子のコイルで囲んだインナーロータ型もある（図4・22
　　　の同期モータと構造は同じ）．

†14　SPMは，Surface Permanent Magnet の略である．これ以外に同期モータには永久磁石を
　　　回転子内に埋め込み突極を作り，リラクタンストルクも利用したIPM（Implant Permanent
　　　Magnet）型もある．IPM型は永久磁石の使用量を減らすことができるので大型のモータに
　　　は価格面で有利である．

†15　IPM同期モータはリラクタンストルクの利用や効率最適化，飽和防止などの目的でd軸の励
　　　磁電流の指令値を設定し制御する．誘導モータのベクトル制御については後述する．

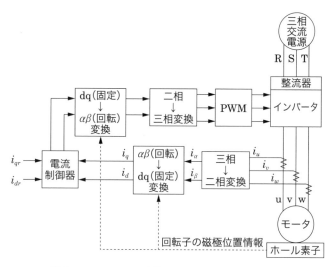

●図4・25　ベクトル制御による電流制御系の構成例

　図4・25は，ベクトル制御に基づいた dq 座標系での指令値 i_{dr}, i_{qr} を，実際のモータに加える三相の電流指令値に変換して駆動するための電流制御系の構成を示している．u，v，w の各相の電流 i_u, i_v, i_w が計測され，座標変換により d 軸および q 軸成分として i_d, i_q が求められる．この dq 成分を目標指令値 i_{dr}, i_{qr} に追従するように電流制御を行うのである．電流制御器からの制御入力は，座標変換を経て **PWM**（パルス幅変調，Pulse Width Moduration）**変換**されてインバータからモータの各相へ出力される．インバータの役割は，商用交流電源を整流した直流電源から任意の周波数の交流（座標変換後の制御入力）を作り出すことと考えてよいだろう．この PWM 方式は，印加したい指令電圧を搬送波（三角波）と比較して（図4・26(a)）その大小によりプラスマイナスに切り替わる PWM 波形を生成し（図4・26(b)），この PWM 波によりインバータ回路の1組のスイッチング素子をオン・オフして印加電圧の向きを高速に切り替える[16]．この切替え周波数は通常 kHz のオーダであり，モータの時定数で決まる**ローパス特性**と比べて十分に高速なため PWM 波は平滑化され，元の滑らかな指令電圧と等価な電圧が加わったのと同じ結果が得られる（図4・26(c)）．AC サーボモータは，上述の PWM の電流制御系のさらに外側に速度や位置の制御ループを付加して

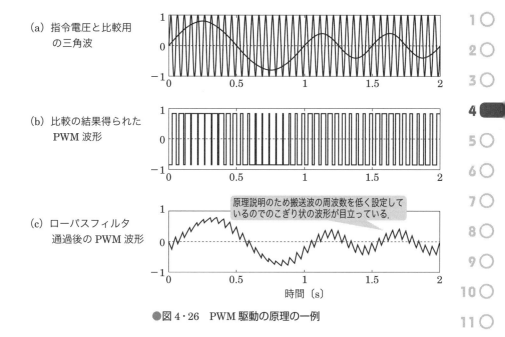

（a）指令電圧と比較用
　　の三角波

（b）比較の結果得られた
　　PWM 波形

（c）ローパスフィルタ
　　通過後の PWM 波形

原理説明のため搬送波の周波数を低く設定して
いるのでのこぎり状の波形が目立っている.

時間〔s〕

●図 4・26　PWM 駆動の原理の一例

使用されるモータである．回転子の位置や速度の検出についてはホール素子，エ
ンコーダ，タコジェネレータなどのセンサを使う方式以外にも，ソフトウェア的
に推定するセンサレス方式もある．

3 ステッピングモータ

Stepping Motor

　ステッピングモータはパルス状に励磁電流を順次切り替えていくことで，モー
タの構造で決まるステップ角ずつ回転子を回転させていくモータである．パルス
数で回転角度を，パルスの周波数で回転角速度を制御できるため，フィードバッ
クを用いないオープンループ制御で簡単に駆動できることが特長である．VR（可
変リラクタンス）型，PM（永久磁石）型，HB（ハイブリッド）型の 3 種類が
ある．PM 型と HB 型は回転子に永久磁石を使っているため非通電時でも回転子
の位置を保持できることが利点の一つである．過負荷時にはパルス数どおりの回

Note

†16　PWM 駆動インバータのスイッチング素子としては MOS 型電界効果トランジスタ
　　（MOSFET）や絶縁ゲートバイポーラトランジスタ（IGBT）などが使用されている.

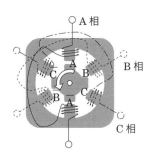

●図4・27　VR（可変リラクタンス）型
　　　　ステッピングモータ

●図4・28　ダイレクトドライブモータ
写真提供：NSKプレシジョン㈱

転角が得られない場合があり，これは脱調と呼ばれている．また，ステッピング
モータは高速回転にも不向きであり，回転時の音が大きいという短所もある．

　ここでは代表的なVR型についてのみ説明する．VR型は固定子と回転子はと
もに歯車形状となっており，図4・27の例では固定子が6歯，回転子が4歯とい
う簡単化した場合を示している．A相，B相，C相と順に励磁していくことで固
定子と回転子の歯どうしが引き合い，相の切替えごとに30°ずつ回転していく．
VR型は分解能が高いことが特徴である[†18]．

　以上，本節では主要な電動モータの駆動原理をいくつか説明したが，その他に
も実用上重要な電動モータはたくさんある．例えば，高速・高精度な位置決めを
要求されるロボットには，減速機を用いずに大きなトルクが発生できる**ダイレク
トドライブモータ**[3]（図4・28）が多く使用されている．さらに詳しく勉強したい
方はNoteにあげた文献[4][5][6]などの成書を参照されたい．

4.3　アクチュエータの応用技術

Applied Technology of Actuators

① アクチュエータの最適化

Optimization of Actuators

多くのロボットやメカトロニクス製品は，剛体という前提のもとに設計されて

いるが，システム全体の性能を向上させるには非剛体として考えなくてはならない場合もある．制御対象が剛体とみなせる場合は，アクチュエータの設計論としてはとにかく高出力化，高効率化，軽量化などの個々の性能を向上させればよいというものであった[†19]．しかしながら，さらに極限までの性能を追求する場合には，アクチュエータの設計論も変わってくる．ここで，新しいアクチュエータの設計論ともいえる**機構系と制御系の統合化設計**を紹介しよう．

統合化設計とはシステム全体として最適な，すなわち最高の制御性能が達成できるようにアクチュエータや機構系を制御系と同時並行に設計していく手法[7]である．直感的な理解を助けるために誤解を恐れずあえて要約すれば，機構系の振動が発生しにくいようにアクチュエータ取付け位置を工夫したり，振動の影響が制御系に及ばないようにセンサの取付け位置を工夫したり，あるいは要求仕様に特化して専用のアクチュエータを設計するということである．実際，DVDなどの光ディスクの光ピックアップやハードディスクドライブ（図4・29）では高速かつナノメートルオーダの位置決め精度が要求され[8][9]，統合化設計が行われている[10][11]．例えばハードディスクのヘッド位置決め系では，図4・30の**キャリッジアーム**を**ボイスコイルモータ（VCM）**と呼ばれるアクチュエータで駆動するが，キャリッジアームの振動が磁気ヘッドの位置決め精度に大きく影響する．

Note

†18　30°というステップ角は回転子や固定子のピッチより細かくなっている．

†19　アクチュエータ単体としての最適化は高度な技術に基づいており，われわれは，その高性能化を目指した努力の結果としての目覚しい技術革新の恩恵を享受しているのである．

[3]　小林，「ダイレクトドライブモータ」，精密工学会誌，Vol. 69，No. 11，pp. 1534-1537，2003．

[4]　海老原大樹・熊田正次・尾崎秀樹 編著，『ロボット用モータ技術』モータ実用ポケットブック，日刊工業新聞社，2005．

[5]　ロボティクスシリーズ編集委員会 編，川村貞夫・野方誠・田所諭・早川恭弘・松浦貞裕，『制御用アクチュエータの基礎』ロボティクスシリーズ 13，コロナ社，2006．

[6]　アクチュエータシステム技術企画委員会 編，『アクチュエータ工学』，養賢堂，2004．

[7]　田中，杉江，「構造と制御系の統合化設計」，計測と制御，Vol. 40，No. 6，pp. 448-453，2001．

[8]　市原，「光ディスク装置の位置決め制御」，計測と制御，Vol. 41，No. 6，pp. 393-398，2002．

[9]　山口，「磁気ディスク装置の位置決め技術の動向」，計測と制御，Vol. 41，No. 6，pp. 387-392，2002．

[10]　背戸ほか，「制御性を考慮した構造最適化法による光サーボ系の設計（第 1 報，制御系と構造系の一体化設計法）」，日本機械学会論文集（C 編），Vol. 55，No. 516，pp. 2029-2036，1989．

[11]　原・山浦，「磁気ヘッド位置決め機構系と制御系の統合化設計」，計測と制御，Vol. 41，No. 6，pp. 406-411，2002．

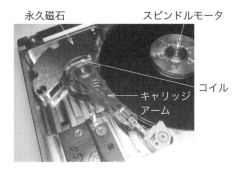

永久磁石　　　　　　　　スピンドルモータ

コイル

キャリッジ
アーム

●図4・29　ハードディスクドライブのアクチュエータ

写真提供：日本電気(株)

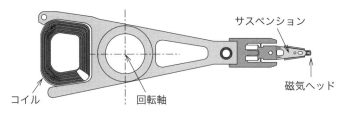

サスペンション

磁気ヘッド

コイル　　　　　　回転軸

●図4・30　キャリッジアームの構造

文献[11]ではVCMの駆動点（コイルの位置）の最適化について数学的手法により検討した結果，一般的な直線形状（図4・30）とは異なるV字形に折れ曲がったキャリッジアームのほうが制御しやすいことなどが解説されている．数学的な手法は，ときに人間の直感では予想しにくい新たな最適化の着想点を与えてくれるという意味で技術者にとって大切なツールである．ロボット・メカトロニクスシステムの設計では，数学力を基礎に常にシステム全体の最適化を心がけることが重要である．

❷ 直列弾性アクチュエータ

Series Elastic Actuator

人間との接触，力のやり取りを行うリハビリ，パワーアシスト，人協働のロボットなど，力の制御が重要な機構のアクチュエータとして，近年よく利用されるようになったものに**直列弾性アクチュエータ**（SEA：Series Elastic Actuator）がある．これまで一般的に使われてきたアクチュエータの構成は，接触する作業環

境や負荷を，直接減速機を介して駆動するものがほとんどであった．ここで作業環境とはロボットが接触する作業対象や力のやりとりを行う人間などであり，負荷とはロボットが運搬する荷や先端に連なるロボット自身のリンクなどを考えてもらえばよいだろう．このような構成のアクチュエータは正確な位置決めは得意だが，正確に力を制御することは苦手な面があった．

　一方で，直列弾性アクチュエータの構成は，図4・31に示したように減速機と作業環境・負荷の間にバネのような弾性要素を取り入れることが特徴である．このような構成とすることで，ロボットのような高速・高精度な位置決めが得意な機械に，柔軟で正確な力の制御を実現することができるようになった．これは単にバネが間に入ったことで柔軟さが加わったわけではないことに注意されたい．バネに加わる力とその変位は比例すること（フックの法則）に基づいて，バネの変位を高速・高精度に制御することで，所望の力を精度よく作業環境や負荷に加えることができるのである．図4・32に，応用事例の一つとして，この直列弾性アクチュエータを用いたパワーアシストユニットを利用した足こぎアシスト車いす

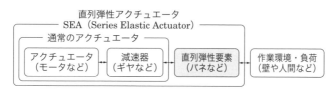

●図4・31　直列弾性アクチュエータの構成

●図4・32　直列弾性アクチュエータの応用事例：足こぎアシスト車いす

すを紹介する．この事例は，従前からあったリハビリ用の足こぎ車いすを，使用者の回復度に合わせて負荷を調整できるようにパワーアシスト機能を付加したものである．

　直列弾性アクチュエータはバネに力学的エネルギーを蓄えることができる特徴もあり，ホッピングロボットの着地時の衝突エネルギーをバネに蓄えて，次の跳躍時に活用する生物模倣ロボットへの応用なども行われている．

理解度 Check

- [ ] アクチュエータは，センサ，計算機とならび，ロボット・メカトロニクスシステムの重要な構成要素である．
- [ ] 永久磁石を用いる直流モータと PM 同期モータは起動トルクが大きく，回転の向きの切替えが容易である．
- [ ] ステッピングモータは簡単な駆動回路でステップ角という決められた刻みで位置を制御できる．ステップ角の分解能はモータの構造で決まる．
- [ ] 電流制御はモータの時定数で決まる応答遅れを改善する制御である．
- [ ] ベクトル制御は固定子が作る励磁ベクトルを，回転子の励磁成分とトルク生成成分に切り分けて制御する方式である．
- [ ] サーボモータは，速度や位置の指令値にモータの状態が追従するように制御するための回路を有するモータである．
- [ ] PWM 駆動のインバータ回路は，直流電源から任意の周波数の交流を等価的に作り出すことができる．
- [ ] アクチュエータとそれに接続される機構系は，制御することを考慮して設計段階からシステム全体として同時並行に最適化を行うことが重要である．

Training

演習問題

● ● ● ●

1 トルク定数と逆起電力の比例定数が等しいことを示せ.

2 電流制御をかけたときの電流指令値 $i_r(t)$ から電流 $i(t)$ までの伝達関数（4・8）を導出せよ.

3 ベクトル制御における電流成分について，図 4・24 の三相から二相 $\alpha\beta$ 座標系への変換式，および $\alpha\beta$ 座標系から dq 座標系への変換式を考えよ.

4 電流制御を行わずにブラシ付直流モータを PWM 駆動で 1 Hz 程度の正弦波指令値に追従させる場合，モータの時定数や PWM の搬送周波数はどのくらいに選べばよいか考えよ.

5 機構系の振動が観測されないようにセンサを配置した場合，その振動は制御できるかについて考えよ.

ソフトアクチュエータ

　最近では，人と直接接触することを前提としたロボットや機器において，安全に使用できるアクチュエータの要望もあり，柔らかさを兼ね備えたアクチュエータとして，「ソフトアクチュエータ」や「人工筋肉」とも呼ばれるものも注目されている．ここでは，そんなアクチュエータの一つである高分子アクチュエータについて紹介しよう．

　高分子アクチュエータはその名のとおり，高分子材料を用いたアクチュエータである．高分子もしくは，高分子と金属材料との複合体で構成され，光や熱，pH，磁界，電界などさまざまな刺激に応答する材料が開発されている．高分子材料の持つ柔らかさやしなやかさ，優れた成形性といった従来にない特長を有している．その中でも，電場刺激に応答する材料であるElectro-active polymer（EAP）は，他の高分子材料に比べて応答性に優れ，駆動系・制御系も容易に構築できることから，応用が期待されている．

　EAP材料の代表的なものの一つは，誘電エラストマ（Dielectric Elestomer：DE）と呼ばれる素子である．DEは，シリコンなどのエラストマ材料に，カーボンペーストなどの柔軟電極を両面に接合した3層構造の素子で，電極間に数kVの電圧を印加して発生する静電気力で高速に変形する．最近では，アクチュエータとしてだけでなく，発電デバイスとしての研究も盛んに行われている．

　イオン導電性高分子・貴金属接合体（Ionic Polymer-Metal Composite：IPMC）も期待されているものの一つである．IPMCはイオン導電性樹脂の表面に金や白金などの貴金属をメッキしたもので，1～2V程度の低電圧で大きく屈曲変形する．能動カテーテルやマイクロピンセットなどの医療分野への応用や，オートフォーカスレンズの駆動機構など小型メカトロニクス機器への応用が検討されている．

5章 Computer

コンピュータ

学習のPoint

　コンピュータなくしてはロボットやメカトロニクスシステムは動かない．そのため，ロボット・メカトロニクス技術者には，コンピュータ内部のシステム構成にも精通していることが求められる．コンピュータは，演算装置，主記憶装置，制御装置，入力装置，出力装置から構成されるハードウェアと，プログラムによって処理動作手順が記述されたソフトウェアによって動作する．機械語プログラムの実行時におけるハードウェア構成要素の働きや，コンピュータ内部でのデータ表現技法，演算処理を行うための論理回路の基礎についても理解する必要がある．

　本章では，メカトロニクスシステムを設計するために必要な，コンピュータの知識・理論について学習する．

5.1　コンピュータのハードウェア

Computer Hardware

　図 5・1 に示すように，コンピュータは一般的に，**演算装置**，**主記憶装置**，**制御装置**，**入力装置**，**出力装置**の五つから構成される．コンピュータの基本機能は，入力装置を介して外部から入力されたデータに対してプログラムで記述された手順に従った演算処理を行い，出力装置を介して外部へとデータを出力することである．

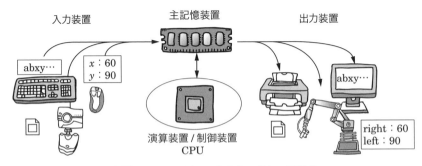

●図 5・1　コンピュータのハードウェア構成

　主記憶装置（メモリ）は，演算装置が直接読み書きするデータを記憶する．入力装置を介して入力されたデータは主記憶装置に記憶され，演算装置が演算処理に用いる．また，演算処理の結果として得られたデータも主記憶装置に記憶され，出力装置を介して外部へと出力される．メモリの種類には，記憶をコンデンサによって実現する **DRAM**（Dynamic RAM）や，フリップフロップによって実現する **SRAM**（Static RAM）がある．入出力装置や演算装置はバイトやワードを単位としてデータを主記憶装置に読み書きする．主記憶装置に記憶することができるデータ量を主記憶容量といい，現在広く利用されているパーソナルコンピュータで数百 MB（メガバイト）から数 GB，サーバコンピュータで数十 GB（ギガバイト）から数百 GB 程度である．ここで，1 KB（キロバイト[†1]）は $2^{10} = 1\,024$ B（バイト），$1\,\mathrm{MB} = 2^{10}\,\mathrm{KB} = 2^{20}\,\mathrm{B}$，$1\,\mathrm{GB} = 2^{10}\,\mathrm{MB} = 2^{30}\,\mathrm{B}$ である．主記憶装置のどの部分に対して読み書きを行うかを指定するために，バイトやワード

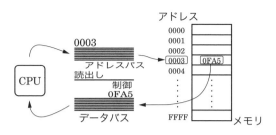

●図5・2　アドレスによるメモリアクセス

1 ○
2 ○
3 ○
4 ○
5 ■
6 ○
7 ○
8 ○
9 ○
10 ○
11 ○

を単位として番地あるいはアドレスと呼ばれる整数値が定められている（図5・2）．アドレスには0からはじまる非負の連続した整数値が用いられる．なお，次節で述べるように，現在広く利用されているノイマン型コンピュータにおいては，データに加えて演算処理手順を示す一連の命令語からなるプログラムも主記憶装置に記憶されている．

　演算装置はALU（Arithmetic Logic Unit）とも呼ばれ，2進数表現された数値データや文字データに対して，プログラムで指定された演算処理を行う．演算の種類としては，数値演算，関係演算，代入演算，論理演算などがある．演算装置は，これらの演算を行う**論理回路**に加えて，複数の**レジスタ**や**カウンタ**，およびこれらを制御するための**制御回路**からなる．レジスタは，演算装置内部の一時的な記憶装置であり，命令を記憶する命令レジスタ（Instruction Register），演算に用いられるアキュムレータ（Accumulator），演算結果を条件分岐に反映させるためのフラグレジスタ（Flag Register），プログラムの実行命令が格納されているメモリ番地を保持するプログラムカウンタ（Program Counter），アクセスするメモリ番地を保持するメモリアドレスレジスタ（Memory Address Register），メモリから読み出したデータを保持するメモリバッファレジスタ（Memory Buffer Register），スタックを管理するためのスタックポインタ（Stack Pointer），フレームポインタ（Frame Pointer）などがある．

　一方，**制御装置**は，入出力装置と演算装置による主記憶装置に対するデータの読み書きや，演算装置による演算処理の実行動作の制御を行う．現在は，演算装

Note
†1　慣習的にコンピュータでキロを表すときは大文字Kを用いる．それ以外の場合には，3章で述べたように小文字kを用いる．Km（キロメートル），Kg（キログラム）といった表記は誤り．

置と制御装置は一連の大規模集積回路として実装されるのが一般的であり，これを**中央処理装置**または **CPU**（Central Processing Unit）と呼ぶ．また，リアルタイム画像処理のため演算装置を備え，大量のデータを並列演算するように設計された **GPU**（Graphics Processing Unit）が**仮想現実**（**VR**：Virtual Reality）や**拡張現実**（**AR**：Augmented Reality），さらに深層学習ベースの AI などに活用されている．

5.2　コンピュータのソフトウェア

Computer Software

　プログラムは，コンピュータの処理動作手順を定める一連の命令語である．コンピュータは，前節で述べたようなハードウェアによって構成されるが，その処理動作はプログラムによって規定され，プログラムを変えることによって異なる処理動作を行うことができる．したがって，コンピュータの能力は，電子回路装置としてのコンピュータハードウェアとプログラムによって処理動作手順が記述されたソフトウェアによって決定されることになる．

　プログラムを構成する命令語は，演算装置によって処理される**演算命令語**と制御装置によって処理される**制御命令語**からなる．図5・3のように，命令レジスタに格納された2進数表現の命令語はデコーダで復号され，制御装置に入力される．制御装置は，演算命令語であるならば，演算処理装置に対して命令語で指定された演算処理の実行を指示する．主記憶装置に対するデータの読み書きやレジスタの値の読み書き，入出力装置に対する制御といった制御命令語であるなら

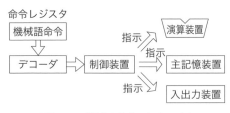

●図5・3　機械語命令の解釈と実行

```
0000000 457f 464c 0102 0001 0000 0000 0000 0000
0000020 0001 003e 0001 0000 0000 0000 00e8 0000
0000040 0000 0000 0000 0000 0000 00e8 0000 0000
0000060 0000 0000 0040 0000 0000 0040 000a 0007
0000100 4855 e589 02b8 0000 b900 0003 0000 c801
                      :
                      :
0002060 7566 836e 0000 0000 001c 0000 0000 0000
0002100 0000 0000 0005 0000 0000 0000 0000 0000
0002120 0020 0000 0000 0000 0001 0000 0002 0000
0002140 0000 0000 0000 0000 0000 0000 0000 0000
0002150
```

●図5・4　機械語プログラム

ば，これらに対して必要な処理の実行を指示する.

このように，電子回路装置としてのコンピュータによって解釈・実行されるプログラムは，2進数表現された一連の命令語であり，**機械語**（Machine Language）**プログラム**と呼ばれる. 機械語プログラムの例を図5・4に示す. ここでは，プログラムを16進数によって表示してある. 機械語命令には，レジスタを対象として処理を行うものや，アドレスを指定して主記憶装置を読み書きするものがある.

機械語命令は，2進数表現を用いて記憶，解釈，実行される. コンピュータのプログラムを機械語命令によって記述することは人間にとって困難な作業であり，記述された機械語プログラムを理解することも難しい. そこで，それぞれの機械語命令に1対1で対応づけられる，人間にとって記述・理解が容易な言語による命令記述に対応づけたプログラムを**アセンブリ言語**（Assembly Language）**プログラム**と呼ぶ.

しかし，アセンブリ言語は，プログラムを実行するCPUに依存するため，より人間の用いる言語（自然言語）に近い形式でプログラムを記述するための高級言語（簡単に"プログラム言語"と呼ぶ場合が多い）が設計された. 例えば，機械語の対応が明確でシステムプログラムの記述に用いられているCは，Linuxなどのリナックス系オペレーティングシステムの記述言語である. メカトロニクスにかかわるさまざまなコンピュータのためのプログラミングに広く用いられている. C言語の系統であるオブジェクト指向言語のC++やC#は，Webアプリ開発から大規模システム開発までを対象としている. インターネットの広がりとともに普及したJavaは，現代のITシステムを支えるさまざまなシステム開発に用いられるオブジェクト指向言語である. また，Webサイト開発には，JavaScript，Ruby，PHPなど，リレーショナルデータベースを活用したアプリケーション開発のための言語であるSQLなどもあり，最近では汎用プログラム言語であるPythonが深層学習（ディープラーニング）AI分野で脚光を浴びている.

Note

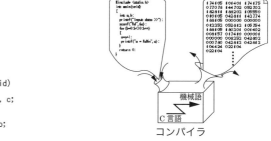

C言語　　　　　　機械語

機械語
C言語
コンパイラ

```
1: void func(void)
2: {
3:     int a, b, c;
4:     a = 2;
5:     b = 3;
6:     c = a + b;
7: }
```

●図5・5　C言語プログラムの例　　　　　●図5・6　コンパイラ

　C言語で記述したプログラムの例を図5・5に示す．プログラム言語は，定められた文法に従って記述されなければならない．図5・5の例では，funcという名前の関数が定義され，三つの整数を記憶するための変数a，b，cが用いられている．このC言語のプログラムは，このプログラムを実行するコンピュータのアーキテクチャを考慮して記述されていない．すなわち，CPUが備える演算命令やレジスタの種類と数，主記憶容量などとは独立に記述されている．このように，プログラム言語で用いられる処理命令は，コンピュータのアーキテクチャと独立であることから，プログラム言語の処理命令と機械語命令とは1対1に対応しない．したがって，プログラム言語で記述されたプログラムを機械語プログラムに変換するときには，アセンブリ言語プログラムを機械語プログラムに変換するときのように，単に命令を1対1に対応付けるという単純な処理とはならない．そこでプログラム言語の一つの処理命令を複数の機械語命令に対応付けたり，プログラム言語の複数の処理命令を複数の機械語命令に対応付けたりすることが必要となる．このような変換は，図5・6に示すように，**コンパイラ**（Compiler）と呼ばれる翻訳プログラムによって自動的に行われるのが一般的である．図5・5に示したC言語プログラムは，コンパイラを用いて図5・4に示した機械語プログラムへと翻訳される．この翻訳は，字句解析（Lexical Analysis），構文解析（Syntax Analysis），コード生成（Code Generation），最適化（Optimization）の四つの過程によってなされる．

5.3　プログラムの実行

Execution of Program

　コンピュータの主記憶装置には，演算処理対象のデータが記憶される．演算装置は，制御装置から指示された演算命令の実行対象のデータを主記憶装置の指定された番地から読み，演算結果データを主記憶装置の指定された番地に書く．**ノイマン型コンピュータ**と呼ばれる現在広く利用されているコンピュータは，プログラムも主記憶装置に記憶する．前節で述べたように，CPU によって実行される命令語の列であるプログラムでは，命令語は 2 進数表現されており，主記憶装置に格納することが可能である．CPU は，主記憶装置に格納された機械語命令列から機械語命令を順次読むことによって，実行すべき命令語を取得することができる．これによって，処理の高速化を実現するとともに，主記憶装置に格納された 2 進数表現された命令語の列としてのプログラムを変更するだけで，異なる演算処理を実行することが可能である．さらに，プログラム実行中にプログラムを変更することをも可能とする．これは，紙テープに穿孔された命令列を順に読むことで命令語を取得する MARK-I（1944 年），プラグボードの配線によりプログラムを記述する ENIAC（1946 年）に対して，コンピュータの汎用計算装置としての地位を高める重要な技術であり，**プログラム内蔵**（Stored Program）**方式**と呼ばれる．

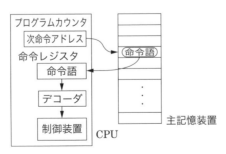

●図 5・7　プログラム内蔵方式

Note

　プログラム内蔵方式においては，図 5·7 に示すように，CPU は主記憶装置に格納された命令語を読み，デコードされた命令を制御装置が解釈し，演算装置や主記憶装置，入出力装置に対して必要な制御を行う．ここでは，**プログラムカウンタ**と**命令レジスタ**が重要な役割を果たす．プログラムカウンタは，次に実行する命令語が格納されたアドレスを記憶するために用いられる．一つ前の命令語の実行を終えた CPU は，主記憶装置のプログラムカウンタで示されるアドレスから命令語を取得し，これを命令レジスタに格納する．命令語は，オペコードとオペランドからなり，1 語から数語のサイズである．命令を取得した CPU が，プログラムカウンタの値を命令語サイズだけ増加させることにより，この命令語を実行した後に次の命令語が CPU によって取得されることになる．

　プログラムの実行では，記述された処理手順を順次実行することが一般的であるが，いわゆる分岐や繰返し（ループ）は，分岐命令によって記述される．分岐命令とは，直前の演算を行った結果を反映したフラグレジスタの値によってあるいは無条件に，現在のプログラムカウンタの値とは異なる番地の命令語を次に実行するように変更する命令である．これは，プログラムカウンタの値を変更することによって実現される．

　プログラム内蔵方式では，コンピュータの動作は，主記憶装置からの命令語の

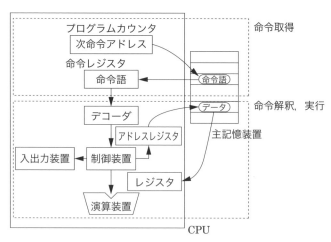

●図 5·8　コンピュータの動作

取得とその命令語の解釈，実行という二つの動作の繰返しからなる．これを図5・8に示す．命令語の取得動作では，プログラムカウンタで示されるアドレスに格納された機械語命令を主記憶装置から取得し，命令レジスタに格納する．このとき，プログラムカウンタの値は，命令語のサイズだけ増加する．命令の解釈，実行動作では，命令語がデコーダで復号され，制御装置が必要な指示を各装置に行う．演算命令の実行においては，演算装置に指定された演算を行うように指示する．また，主記憶装置との間のデータ転送命令の実行においては，指定したアドレスのデータの交換を行う．

5.4　データの表現

Data E**x**pression

　本節では，コンピュータの内部での数値データと文字データの扱いについて説明する．コンピュータはプログラムの実行において，外部機器との間で数値データや文字データの受渡しを行ったり，記憶，演算を行ったりする．ここで，コンピュータにおける数値データの扱いには，われわれが日常生活で用いている10進数ではなく，2進数を用いている．

　まず，自然数の2進数による表現について説明する．一般に N 進数とは N を基底とする位取記数法による数値の表現方法であり，それぞれの位の表現に用いる数字には，0，1，……，$N-1$ の N 種類が必要である．例えば，10進数で用いる数字は，0，1，2，3，4，5，6，7，8，9の10種類であり，2進数で用いる数字は0，1の2種類のみとなる．ここで，m 桁の N 進数で表現された自然数 $a_{m-1}\cdots a_1 a_0$（$0 \leq a_i \leq N-1$）の，10進数での換算値 M は，次式で表される．

$$M = a_{m-1} \times N^{m-1} + a_{m-2} \times N^{m-2} + \cdots + a_1 \times N^1 + a_0 \times N^0 = \sum_{k=0}^{m-1} a_k \times N^k$$

　例えば，10進数で表現された7と12を4桁の2進数で表現するとそれぞれ0111と1100になる．また，4桁の2進数で表現された0101と1010は，10進

Note

数ではそれぞれ5，10と表現される．

　負の数を含めた整数を表現する方法には，符号と絶対値の組合せで表現する方法と，**補数**を用いる方法がある．前者の方法では，最初の1桁を符号の表現，残りの桁を絶対値の表現に用いる．例えば，2進数表現においては，最初の1桁が0のときは正の整数（および0），1のときは負の整数（および0）を表すものとすると，4桁の2進数0101，1101はそれぞれ5，−5を表す．したがって，m桁の2進数表現においては，絶対値の表現に$m-1$桁を用いることから，$-(2^{m-1}-1)$から$2^{m-1}-1$までの2^m-1種類の整数を表すことができる．ここでは，0を表現する方法に0000と1000の2種類があることに注意されたい．

　一方，補数を用いる表現には，Nの補数を用いるものと$N-1$の補数を用いるものとがある．m桁のN進数表現における整数MのNの補数とはN^m-Mであり，また$N-1$の補数とはN^m-1-Mである．ここで，4桁の2進数表現における2の補数を考えると，0101（10進数表現で5）の2の補数は1011（10進数表現で$11=2^4-5$）となる．ここで，これらの二つの数値を加算すると0101＋1011＝10000となり，4桁の2進数では最上位桁が表現できない（桁溢れする）ことから0000となる．つまり，5と加算して0となる数値は−5であることから，−5の2進数表現として1011を用いるというのが2の補数を用いた負の整数の表現方法である．この方法で表現される4桁の2進数の最小値は−8（1000）であり，最大値は7（0111）である．

　小数を表現するには，**浮動小数点表現**という方法が広く用いられている．これは，コンピュータが処理対象とする数値データが非常に大きな値（例えばアボガドロ数は6.0221415×10^{23}）から非常に小さな値（例えば電子質量は9.10938188×10^{-31} kg）まで，多岐にわたることによるものである．ここであげた例のように，一般に実数Mを仮数Aと指数Eを用いて以下のように表現することができる．

$$M=A\times N^E$$

ただし，Nは基底であり，$1\leq|A|<N$を満足する（Aの符号はMの符号と同一である）．実数の浮動小数点表現とは，その実数の**符号**，**指数**，**仮数**の三つによってその値を表す方法である．IEEE方式（IEEE 754）には，実数の表現として**単精度実数表現**と**倍精度実数表現**とがある．いずれの表現も，1桁の符号部，指数

部，仮数部からなり，指数部と仮数部はいずれも符号なし整数である．指数部と仮数部の桁数は，単精度実数表現ではそれぞれ 8 桁，23 桁であり（全体で 32 桁），倍精度実数表現ではそれぞれ 11 桁，52 桁である（全体で 64 桁）．いずれも基底 $N=2$ であることから $1 \leq |A| < 2$ となる．そこで，仮数部の表現には $|A|-1$ の小数点以下の桁を用いる．また，指数部の表現には，単精度実数表現では E+127，倍精度実数表現では E+1 023 を用いる．以上により，IEEE 方式の単精度実数表現で表される数値は次式で与えられる．

$$(-1)^{符号部} \times (仮数部+1) \times 2^{(指数部-127)}$$

同様に倍精度実数表現で表される数値は次式で与えられる．

$$(-1)^{符号部} \times (仮数部+1) \times 2^{(指数部-1 023)}$$

コンピュータで実数値データを取り扱う場合には，さまざまな誤差を含むことに注意しなければならない．まず，2 進数の有限桁数では表現できず，無限小数となる実数値を取り扱う場合には，**丸め誤差**が発生する．例えば，10 進数表現における 0.1 は，2 進数表現では $0.0\dot{0}01\dot{1}$ という循環小数となるため，有限桁数で表現を打ち切ると誤差が生まれる．また，ロボットなどの運動やさまざまな制御，電気回路の計算において，π や e などの無理数は頻繁に用いられるが，無理数を扱う場合にも有限桁数による表現を行うために，打切り誤差が生じる．IEEE 方式では，指数部の桁数が固定である．したがって，演算の結果が指数部で表現できる範囲外となったときには，表現できる範囲より大きくなる**オーバーフロー**や逆に小さくなる**アンダーフロー**となることがある．さらに，実数の演算方法にも注意する必要がある．二つの実数値を加算するときにその大きさが大きく異なるときには，小さな数値の影響が反映されなかったり，ほぼ等しい値の間で減算を行うと演算結果がアンダーフローしたりすることがあるが，これらの問題は，演算の順序を工夫することによって解決できる場合もあり，数値計算アルゴリズムの検討は，正しい計算を行うために非常に重要である．

Note

101

5.5　論理演算と組合せ回路

Propositional Logical and Combinatorial Circuit

　コンピュータプログラムを記述するプログラミング言語にはさまざまなものがあり，そこでは数値データや文字データのための多様な演算が定義されている．主な演算は，次の四つに分類される．

- **数値演算**　加減乗除（＋，－，×，÷，剰余），符号反転（－）など
- **関係演算**　大小関係（＞，＜，≧，≦，＝＝），等値関係（＝＝，！＝）など
- **代入演算**　代入（＝）など
- **論理演算**　論理積（AND），論理和（OR），論理否定（NOT）など

■表5・1　AND，OR，NOT 演算の真理値表

X	Y	X AND Y	X OR Y	NOT X
0	0	0	0	1
0	1	0	1	1
1	0	0	1	0
1	1	1	1	0

　論理演算とは，論理値に対する演算である．論理値とは，真または偽のいずれかの値である．論理積演算（AND）は，二つの論理値に対する演算であり，これらがともに真である場合にのみ演算の結果が真となり，これ以外の場合には偽を結果とする演算である．例えば，「$X>3$ AND X は偶数」という演算の結果を$X=5$ の場合について求めると，まず $5>3$ であることから「$X>3$」の値は真，5は奇数であることから「X は偶数」の値は偽，真と偽に対する AND 演算の結果は偽であることから，この論理積演算全体の結果は偽となる．簡便のため，真と偽の二つの論理値をそれぞれ1と0で表現することとする．演算の対象となる論理値，もしくは論理値の組のすべての取り得る値に対して，演算を行った結果を対応づけることによって，一つの論理演算を定義することができる．例えば，AND 演算は二つの論理値に対する演算であることから，演算の対象となる論理値の対の取り得るすべての値は，〔0，0〕，〔0，1〕，〔1，0〕，〔1，1〕である．AND演算の定義から，これらの演算結果は順に0，0，0，1である．これを表5・1の

ようにまとめたものを，論理演算に対する**真理値表**という．その他の典型的な論理演算として論理和（OR），排他的論理和（XOR），NAND，NOR，否定（NOT）がある．

　論理演算をコンピュータで実現するためには，そのための回路が必要である．論理演算は，演算の対象となる論理値のとる値が決まると演算結果が一意に決定するという性質をもつことから，そのための電気回路は，入力が決定すると出力が直ちに決定する回路である．このような論理回路を組合せ回路という．後に述べるように，論理回路は基本的な論理回路である論理素子の組合せによって実現することができる．そこで，論理素子の構成について説明する．

　ダイオードは，p形半導体とn形半導体を接合して作られる電子素子であり，図5・9の回路記号で表現される．陽極（p形半導体の電極）が陰極（n形半導体の電極）よりも電圧が高い場合，陽極から陰極に電流が流れ，電圧が低い場合には電流が流れないという特性をもつ．

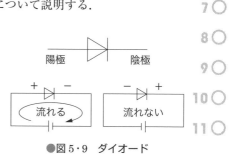

●図5・9　ダイオード

　このダイオードを用いたOR演算を実現する論理素子（ORゲート）を図5・10に示す．XとYがいずれも0Vであるときには，ダイオードが開放されており，Zも0Vとなる．しかし，XとYの少なくとも一方が5Vとなると接続するダイオードは導通となり，Zは5Vとなる．したがって，X，YとZの電圧の関係は図5・10の表のようになり，これはOR演算を実現している．

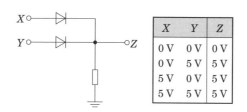

X	Y	Z
0 V	0 V	0 V
0 V	5 V	5 V
5 V	0 V	5 V
5 V	5 V	5 V

●図5・10　ORゲート

Note

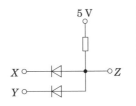

X	Y	Z
0 V	0 V	0 V
0 V	5 V	0 V
5 V	0 V	0 V
5 V	5 V	5 V

●図 5・11　AND ゲート

　次に，ダイオードを用いた AND 演算を実現する論理素子（AND ゲート）を図 5・11 に示す．X と Y の少なくとも一方が 0 V であるならば，接続するダイオードは導通となるため，Z は 0 V となる．これに対して，X と Y がともに 5 V であるならば，いずれのダイオードも開放となるため，Z は 5 V となる．したがって，X, Y と Z の電圧の関係は図 5・11 の表に示すとおりとなり，これは AND 演算を実現している．

　一方，接合形トランジスタ（npn）は，p 形半導体を二つの n 形半導体で挟む形に接合して作られる電子素子であり，図 5・12 の回路記号で表現される．ベース電圧がエミッタ電圧より高いとき，コレクタからエミッタに電流が流れ，低いときには電流が流れないという特性をもつ．

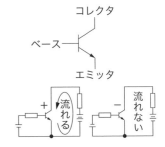

●図 5・12　接合形トランジスタ

　このトランジスタを用いた NOT 演算を実現する論理素子（NOT ゲート）を図 5・13 に示す．X が 0 V のとき，コレクタからエミッタへは電流が流れないため，Z は 5 V となる．しかし，X が 5 V のときにはベースがエミッタより電圧が高くなりコレクタからエミッタに電流が流れ，Z は 0 V となる．したがって，X と Z の電圧の関

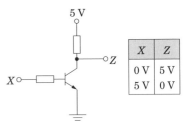

X	Z
0 V	5 V
5 V	0 V

●図 5・13　NOT ゲート

係は図 5・13 の表に示すとおりとなり，これは NOT 演算を実現している．

　ここでは AND ゲートと OR ゲートについて 2 入力の場合を示したが，N（>2）

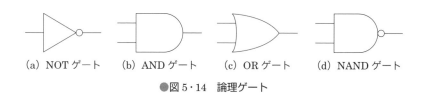

（a）NOT ゲート　　（b）AND ゲート　　（c）OR ゲート　　（d）NAND ゲート

●図5・14　論理ゲート

入力についても容易に拡張可能である．さて，ある組合せ論理回路を論理素子に
よって構成する場合，まず所望の論理回路の入出力の関係を把握する必要がある
が，これは真理値表によって表現が可能である．真理値表によって表現される論
理演算は，いくつかの論理値もしくはその NOT 演算結果の間で AND 演算を行っ
た後，それらの演算結果の間でさらに OR 演算を行うものとして表現することが
可能である．つまり，<u>任意の論理演算は NOT 素子，AND 素子，OR 素子の組
合せで構成することが可能である</u>．ここで述べた論理ゲートは，図5・14に示す
記号を用いて表現される．

　ここで，論理演算が真と偽という値をもつ論理値の間の演算であることと，2
進数表現されたデータの間の演算が0と1という値をもつ数値の間の演算であ
ることに注目すると，2進数表現されたデータ間の演算を論理回路によって実現
することができる．

　例えば，二つの2進数整数の加算演算を考
える．まず，簡単のために一つ下の位からの繰
上りを除いて考えると，各桁の演算は0+0=0，
0+1=1，1+0=1，1+1=10のいずれかによっ
て実現される．つまり，演算の結果得られるこ
の桁の値と一つ上の位への繰上りの値を整理す
ると表5・2のようになる．

■表5・2　2進数各桁の加算

加算対象		結果 S	繰上り C
0	0	0	0
0	1	1	0
1	0	1	0
1	1	0	1

　演算の結果得られる1桁目の値は，XOR 演算の X，Y に加算対象のそれぞれ
を対応させた場合に相当している．また，演算の結果得られる一つ上の位への繰
上りは，表5・1の AND 演算の X，Y に加算対象のそれぞれの項を対応させたと

Note

105

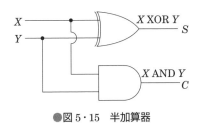

●図5・15　半加算器

■表5・3　2進数各桁の加算

加算対象		下からの繰上り	結果	上への繰上り
X	Y	C	S	C'
0	0	0	0	0
0	1	0	1	0
1	0	0	1	0
1	1	0	0	1
0	0	1	1	0
0	1	1	0	1
1	0	1	0	1
1	1	1	1	1

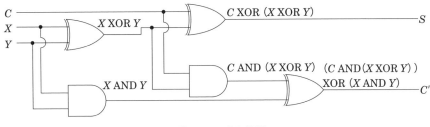

●図5・16　全加算器

きの X AND Y の結果と同じである．以上により，2進数各桁の加算を実現する回路は図5・15のようになる．これは**半加算器**と呼ばれる．

一方，一つ下の位からの繰上りを考慮した場合には，入力とその演算結果の関係は表5・3のようにまとめることができる．

これを真理値表とみなすと，以下のようにまとめることができる．

$S = C$ XOR $(X$ XOR $Y)$

$C' = (X$ AND $Y)$ OR $(Y$ AND $C)$ OR $(C$ AND $X)$

したがって，演算を実現する回路は図5・16のようになる．この回路は**全加算器**と呼ばれる．

なお，多数の入力をもつ，より複雑な演算を対象として，真理値表から論理回路を構成するために，論理代数の基本的な公式（**表5・4**）による論理式の式変形を用いる方法や**カルノー図**（図5・17）を用いる方法もある．カルノー図は長方

■表5·4　論理代数の基本公式

$X+X=X$	$X \cdot X=X$	同一法則
$X+Y=Y+X$	$X \cdot Y=Y \cdot X$	交換法則
$X+(Y+Z)=(X+Y)+Z$	$X \cdot (Y \cdot Z)=(X \cdot Y) \cdot Z$	結合法則
$X+(Y \cdot Z)=(X+Y) \cdot (X+Z)$　$X \cdot (Y+Z)=(X \cdot Y)+(X \cdot Z)$ $X+0=X$　　　　　　　　　　$X \cdot 1=X$ $X+1=1$　　　　　　　　　　$X \cdot 0=0$ $X+\overline{X}=1$　　　　　　　　　$X \cdot \overline{X}=0$		分配法則
$X=\overline{\overline{X}}$		二重否定
$X+(X \cdot Y)=X$　　　　　　$X \cdot (X+Y)=X$ $X+(\overline{X} \cdot Y)=X+Y$　　　$X \cdot (\overline{X}+Y)=X \cdot Y$		吸収法則
$\overline{X+Y}=\overline{X} \cdot \overline{Y}$	$\overline{X \cdot Y}=\overline{X}+\overline{Y}$	ド・モルガンの法則

※ここではAND演算を「・」，OR演算を「＋」で表現している

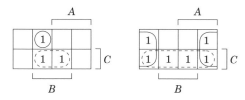

●図5·17　カルノー図

形のマス目を用い，論理の組合せを縦・横の並びに書き，その重なり部分を論理式に置き替えて論理関数を表現する．例えば，図5·17の左の1段目（実線丸印）は$\overline{A} \cdot B \cdot \overline{C}$であり，2段目（点線の囲み）は$B \cdot C$であるので，図全体では$\overline{A} \cdot B \cdot \overline{C}+B \cdot C$となる．同様に右図では実線の囲みは$\overline{B}$，2段目は$C$であるので，全体では$\overline{B}+C$を表す．

Note

理解度 Check

1. コンピュータの基本機能
- ☐ 入力装置によるデータの入力
- ☐ プログラムに記述された手順に従った演算処理
- ☐ 出力装置によるデータの出力

2. コンピュータのハードウェア構成
- ☐ 入力装置
- ☐ 主記憶装置
- ☐ 演算装置
- ☐ 制御装置
- ☐ 出力装置

3. プログラムの記述言語
- ☐ 機械語プログラム
- ☐ アセンブリ言語プログラム
- ☐ 高級言語プログラム

4. プログラムの実行
- ☐ コンパイラ
- ☐ プログラム内蔵方式

5. 数値データ表現
- ☐ 2 進数表現（符合なし整数，符合付き整数，浮動小数点数（単精度，倍精度））

6. 論理演算と論理回路
- ☐ AND，OR，NOT，XOR
- ☐ 真理値表と論理回路

Training 演 習 問 題

● ● ● ●

1 パーソナルコンピュータ（パソコン）の筐体内部を観察し，CPU（中央処理装置），主記憶装置を確認せよ．コンピュータによっては内部に触れると保証対象外となるものもあるので注意すること．

2 繰返し（ループ）を含むプログラムを作成し，アセンブリ言語プログラムを生成せよ．繰返し処理においてレジスタがどのように使用されているか調べよ．

3 図 5・9 のコンピュータの動作を注意深く考察し，高速にプログラムを実行する方法を考えよ．

4 以下の 10 進数を 8 桁の符合付き 2 進数で表現せよ．

    (1) 50

    (2) 109

    (3) −27

    (4) −89

5 NAND 素子のみによって，AND，OR，NOT 回路素子と同一の真理値を返す論理回路を構成できることを示すことにより，NAND 素子によって任意の論理式に対応する論理回路を構成できることを説明せよ．

メカトロニクスとネットワーク

　近未来のわたしたちの生活を支えるメカトロニクスシステムは，その多数の構成要素が互いに情報を交換することにより，より高度なサービスを提供することが可能となる．その意味で，メカトロニクス技術者がコンピュータネットワークについての基礎知識，技能を備えることも重要である．

　近年，スマートフォンの普及によってより一層インターネットがわたしたちにとって身近な，そして生活に不可欠なものとなった．ケーブルで接続されないコンピュータが無線通信技術によってインターネットに接続され，情報の取得，情報の交換に広く用いられることができるようになり，その便利さを享受している．

　現在は，わたしたちユーザがスマートフォンというインタフェースを通して情報の取得と交換に活用している段階であるが，今後はコンピュータを備えたさまざまな機器が無線ネットワークを通じて情報取得，情報交換を行うIoT（Internet of Things）の時代へと移行する．本書が対象とするメカトロニクス分野においても，対象機器が無線ネットワークによって相互接続され，より高度なサービスを提供することが可能となる時代は間近に迫っている。自動車の車内にはすでにたくさんのコンピュータが備えられており、CANというISOで標準化された通信プロトコルによって相互接続されているが，今後は車両と路上設置局との通信（路車間通信）や車両どうしの通信（車車間通信）によって，安全，安心，快適な運転環境の提供，さらには自動運転環境が整備されていくことになろう．また，移動ロボットが活躍するあらゆるシステムで，複数ロボット間の無線通信により，ロボットの協調処理，すなわち機能がそれぞれ特化された複数のロボットが互いに協力することによって目標を達成することも実現されることとなろう．

　わたしたちのスマートフォンをインターネットに接続する無線ネットワークは，4G，5G，6Gへと高度化される．また，ネットワークの形態もこれまでの固定基地局と接続される方式のみならず，移動コンピュータが相互に接続されるメッシュネットワークなども活用されるであろう．今後のメカトロニクス技術者は，現在以上にコンピュータとネットワークの技術にも精通することが求められるものと思われる．

6章

●Mechanical Design

機械設計

学習のPoint

　メカトロニクスシステムはさまざまな機能/機構の集合体である．例えば，自動車では，燃料と空気を混合してエンジンでガスを燃焼し，その熱エネルギーをピストンというリンク機構を介して回転運動エネルギーに変換する．そして，その回転運動を，変速機/クラッチで減速し，さらにプロペラシャフトにより車輪へ回転力を伝達して，車体を動かす．このようにさまざまなサブシステムが介在している．

　そのため，メカトロニクスシステムの機械部分を作るには，各サブシステムの機能およびそれらの性能を明確化して設計する必要がある．

　本章では，まず，サブシステムを構成する主な機械要素（ねじ，軸，軸受，歯車など）や加工法・加工機の種類について学習する．次に，それらの機械要素を組み合わせて設計し，加工法などの情報を伝えるためのツールである図面について学習する．

6.1　機械要素

Machinery Elements

　機械要素はメカトロニクスシステムにおいてシステムの物理的な骨格をなす重要な要素である．いくら電子回路や制御ソフトにおいて高速化・高機能化を目指して作ったとしても，肝心の機械的な部分の設計が十分になされていないと，システム全体としてパフォーマンスを発揮することができない．そのため，機能，性能（速度，動作範囲など），操作性，保守性，耐久性などあらゆる視点から検討して機械設計を行う必要がある．

　例えば図6·1の羽ばたきロボットの例では，モータの駆動力を2枚の平歯車により減速してクランクの回転に伝え，コネクティングロッドの上下往復運動によって羽を動かす．個々のシステムのそれぞれの機能を実現するためには，各部材の材料特性や平歯車の減速比，強度や精度などを加味して総合的に設計することが求められる．一見，羽ばたきロボットと他のロボットの機構は別々のもののように見えるが，それら機構部を構成する部品には，アクチュエータとその運動を伝える伝動装置としての歯車（ギヤ）や軸受，締結要素としてのネジやピンなど，同様な要素や機構が用いられる．実際，機械設計の世界では，使用頻度・汎用性が高い重要な要素は規格化されており，効率的に機械設計ができるように体系づけられている．

●図6·1　羽ばたきロボットの機構要素

　ロボットやメカトロニクスシステムを設計するには，これらの知識が必要である．そこで本章では，主に機械要素設計に必要な基礎知識について解説する．

❶ 軸　受

　軸が回転や往復運動するときに，滑らかに運動できるように軸を支える部品要素が必要であり，これを軸受という．軸受にはその基本構造から，薄い油膜（またはテフロンなどの低摩擦素材）により荷重を支持する構造の**滑り軸受**（Slide Bearing）と，玉またはころ[†1]により支持する**転がり軸受**（Rolling Bearing）がある．大きな荷重や衝撃荷重には，滑り軸受が適している．転がり軸受は摩擦抵抗が小さいため高速回転に向いており，潤滑も容易で，規格化されて市販されている．それぞれ用途に適したものを用いる．

　転がり軸受は，外輪および内輪二つの軌道輪と多数の転動体（玉またはころ），保持器から構成され（図6・2），転動体により**玉軸受**と**ころ軸受**に分類される．軸受メーカは，JIS規格に基づいて製造・販売しており，カタログには，軸受系列，内径，定格荷重，内部すきま，等級などが，記号・数字で分類表記されている．

　軸受に作用する荷重の方向により，それぞれ適した軸受を用いる．**ラジアル軸受**（図6・3(a)）は，軸受軸に垂直方向に作用するラジアル荷重を主として受けるように設計されている．**スラスト軸受**（図6・3(b)）は，軸に平行方向の荷重

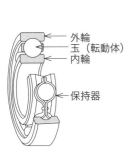

●図6・2　軸受の構造

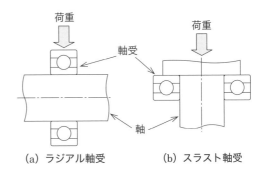

(a) ラジアル軸受　　　　　　(b) スラスト軸受

●図6・3　ラジアル軸受とスラスト軸受

Note

†1　ころの形状には，円筒，棒状，針状，円すい，凸面（たる形）がある．

を受けるように設計されている.

　軸受を長時間にわたり荷重を加えて回転使用すると疲労により損傷する. 損傷が発生するまでの総回転数の値が軸受の寿命である. 基本動定格荷重 C〔N〕とは, 100 万回転の基本定格寿命（同じ条件で運転したときに, 前述の損傷が信頼度 90 ％で発生するときの寿命）である. 軸に作用する荷重を P〔N〕とすると, 基本定格寿命 L_{10}（単位は 100 万回転）は次式で算出できる.

$$L_{10}=\left(\frac{C}{P}\right)^{p} \tag{6・1}$$

　　　定数 p：玉軸受…3, ころ軸受…10/3

　したがって, 軸受の設計においては, 何百万回転あるいは何時間（回転速度から算出）の寿命が必要かを概算し, その値を満たす軸受をカタログから選ぶ必要がある.

❷　リンク

Linkage

　回転運動や往復運動を相互に変換する機構である. 細い棒（バー）をピン（ジョイント）などで組み合わせた構造をリンク装置という. 基本的なリンクは 4 節リンクであり, リンクの長さや固定するリンクによって動きが異なる. 回転するリンクを**クランク**, ある角度内を揺動するリンクを**てこ**という.

（a）　てこクランク機構

　図 6・4 において, 最短リンク（節）A（回転節：クランク）に隣接するリンク B（固定節）を固定し, 他のリンクの運動は拘束しないものをいう. 最短リンクを回転させると, リンク C（揺動節：てこ）は揺動する. なお, リンク D を中間節という.

（b）　両クランク機構

　最短リンク A を固定して, その両端に隣接したリンク B および D を回転させる機構である. リンク C は連接棒とも呼ばれる.

（c）　両てこ機構

　最短リンク A に対向するリンク C を固定することで, リンク B および D が揺動する機構である.

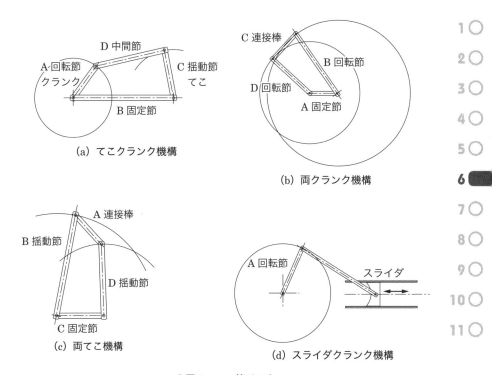

●図 6・4　4 節リンク

(a) てこクランク機構

(b) 両クランク機構

(c) 両てこ機構

(d) スライダクランク機構

(d)　スライダクランク機構

　4 節リンクの回転する一つの**対偶**[†2]を滑り対偶に置き換えると，リンク A の回転運動は，スライダの直線運動に変換することができる．ピストンエンジンやピストンポンプは本機構を使っている．

3　減速機構

Gear

　モータなど回転する動力を，他の機械要素に伝達する場合には，歯車（ギヤ），ベルト，チェーンなどが用いられる．歯車は動力を一定の速度比（増速や減速）に変換し，かつ速度比の逆数倍にトルクを増幅する．円筒や軸の外周に多数の歯が加工されており，一対の歯車の歯がかみ合って回転，動力を伝達する（図 6・5）．

Note

†2　一対の接触している節が，一定の相対運動をするとき対偶という．

歯の形には，インボリュート曲線を利用したインボリュート歯車が一般に使用される．歯の大きさは，モジュール m の値（規格上，0.1〜50 の範囲で数値列表から選定する）で決まり，この値が大きいほど，大きな歯形となる．平歯車（スパーギヤ）では，**ピッチ円直径**[†3] d と歯数 z の関係は次のようになる．

●図6・5　歯車（ギヤ）

$$d = m \times z \tag{6・2}$$

大小二つの平歯車がかみ合って回転するとき，それぞれのピッチ円直径を d_1，d_2，回転数を n_1，n_2，歯数を z_1，z_2 とすると

$$\frac{d_2}{d_1} = \frac{n_1}{n_2} = \frac{z_2}{z_1} \tag{6・3}$$

となる．なお，d_2/d_1 を減速比（または増速比）という．

　通常 DC モータは毎分 5 000 回転（rpm：Revolutions Per Minute）程度と高速で回転するので，その回転力を低回転数で駆動する動輪やリンク機構に伝達するときは，回転を減速する必要がある．そこでモータ回転軸側を小歯車とした大小一対の歯車を組み合わせ（図6・6），式（6・3）に従って減速させる．ただし，通常，一対（歯車の場合は，**段**とも呼ばれる）の歯車における減速比は 5〜7 程度が限度であるため，それ以上の減速を要するときは，さらに 2 段，3 段と歯車

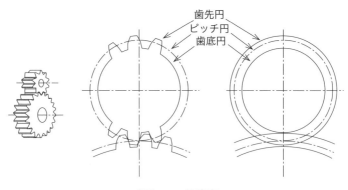

歯先円
ピッチ円
歯底円

●図6・6　平歯車

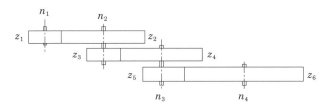

●図6・7 歯車列

1 ○
2 ○
3 ○
4 ○
5 ○
6
7 ○
8 ○
9 ○
10 ○
11 ○

を組み合わせる（図6・7）．数段の歯車を組み合わせた減速機はギヤヘッドと呼ばれ，モータ出力軸にギヤヘッドが一体化して取り付けられている製品もある（減速比100程度）．

かみ合っている歯面には互いに押す力 F が作用しており，大小一対の歯車に作用するトルクは，それぞれ $T_1 = Fd_1/2$ および $T_2 = Fd_2/2$ である．ともに F は等しいから，減速する場合（$d_1 < d_2$）には，モータのトルク T_1 に対して減速側のトルクは $T_2 = T_1(d_2/d_1)$ となって，減速比を乗じたトルクに増大する．メカトロニクスシステムの設計では，最終的な負荷を駆動するために必要なトルクや回転数を満たすように，減速比およびモータを適切に選定する必要がある．

6.2 加工法と工作機械の種類
The Machining Methods and their Processing Machines

1 切削加工

Cutting

切削加工（Cutting）は工具と工作物との間の相対運動により，不要な箇所を切りくずとして除去する加工方法である．旋盤（図6・8(a)）は基本的な工作機械で，工作物（主に，丸棒材料）を回転させ，工具であるバイト（刃物）を直線的に移動させて工作物に当てて切削加工する．ボール盤（図6・8(b)）は，主軸に取り付けられたドリルが主軸とともに回転しながら軸方向に運動して，工作物に穴を開ける工作機械である．フライス盤（図6・8(c)）は，フライスと呼ばれ

Note

†3　歯車を表す直径としては，歯の先端に相当する歯先円，歯の根元に相当する歯底円，そして代表直径を表すピッチ円がある（図6・6）．伝達系設計には一般にピッチ円が用いられる．例えば，歯車間の軸間距離は，各々のギヤのピッチ円を外接したときの円の中心点間の距離で計算する．

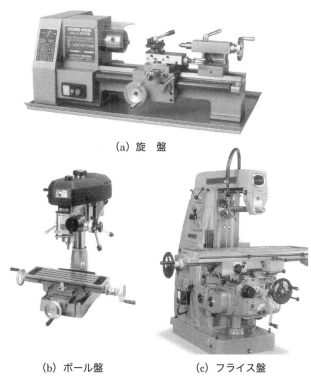

(a) 旋　盤

(b) ボール盤　　　　　(c) フライス盤

●図6・8　工作機械
(a)（b）コスモキカイ（株）　カタログより引用
(c)（株）エツキ　カタログより引用

る刃物を回転させ，工作物上を水平移動させて，平面，みぞ，歯車形状，曲面など，さまざまな形状に加工する機械である．研削盤は，砥石車を回転させて表面の砥粒により工作物を削って加工する機械である．表面をなめらかな面に仕上げたいときなどに用いる．

　切削（研削）においては，工具と工作物との間には図6・9に示すように切削力Fが作用し，Fの三つの分力を以下のように呼び分けている．

　　　F　：切削（研削）力

　　　F_t：切削（研削）接線分力

　　　F_n：切削（研削）半径分力

　　　F_f：切削（研削）送り分力

　加工を良好に行うには，材質などの条件に応じて，F を適切に加えなくてはならない．一般的にその力の比は

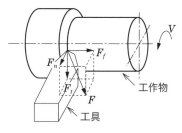

　　　切削加工　$F_t : F_n : F_f = 10 : 3 : 1$

　　　研削加工　$F_t : F_n : F_f = 1 : 2 \sim 3 : 0.1$

が良いといわれている．なお，切削に要する工作機械の主軸の動力 P〔W〕は

●図6・9　切削（研削）三分力

$$P = \frac{F_t V}{\eta} \tag{6・4}$$

　　　V：工作物と工具との相対速度である切削速度〔m/s〕

　　　η：機械効率 $0.7 \sim 0.9$ 程度

と概算され，（刃物の強度にもよるが）加工内容に見合った十分な動力を有する工作機械が必要になる．

② 成形加工

Forming / Molding

　成形加工（Forming / Molding）は，型を使って元の形状を変形させることで成型する加工方法である．材料は力を加えると変形するが，その力を取り除くと元に戻る性質がある．これを**弾性変形**という．しかし，加えた力が一定の大きさを超えると，その力を取り除いても変形が残る性質がある．これを**塑性変形**という．板金（プレス）加工はこの性質を利用した加工方法で，曲げ加工や深絞り加工などがある．

　高温に熱した材料を，ハンマやプレスにより圧縮することで金属組織を緻密にして成型し，強さや硬さなどの機械的性質を向上させる加工方法を鍛造という．鍛造の歴史は古く，日本刀はこの鍛造によってつくられている．

　溶融した金属を鋳型に注入して凝固させ，成型・加工する方法を鋳造という．複雑な形状を一塊の部品として製作することが可能である．鋳型の種類から，砂型と金型に分類される．一般的には砂型でプロトタイプの試作を行い，金型で製

Note

119

品などの大量製作を行う.

　プラスチックの成形に広く使われているのが射出成形である．加熱して軟らかくなったプラスチックに圧力を加え，金型に流し込んで成型する．大量生産に向いている加工方法である．ペットボトルのような中空形状の成形には，加熱したチューブ状のプラスチック材料を金型に入れ，内部に空気を吹き込んで風船のように膨らませる**ブロー成形**と呼ばれる方法が用いられている.

③ 接合加工

　ものどうしを**接合**（Joining）する方法として，ねじやはめあい，リベットなどが挙げられるが，母材の金属どうしを熱で溶かすことで金属組織的に結合させる方法が**溶接**である．溶接に用いる熱源によって，ガス溶接とアーク溶接に分類できる．これに対して，母材よりも低い融点の金属（「ろう」と呼ぶ）を溶かし，母材の隙間に流し込む接合方法がろう付けである．電気配線に用いられる半田付けもこのろう付けの一種である.

　自然界のデンプンや有機化合物など，金属以外の材料を使って接合する方法が接着である．異なる材料どうしを接着できることが大きな特徴であり，用途に合わせてさまざまな種類のものが販売されている．代表的な接着剤に，加熱して硬化させる1液性接着剤，本剤と硬化剤を混合して使用する2液性接着剤，瞬間的に硬化させることができる瞬間接着剤，紫外線を当てることで硬化させる紫外線硬化型接着剤などが挙げられる.

④ 熱処理・表面処理

　材料の形は変えずにその性質を変える加工方法が**熱処理**（Heat Treatment）である．熱処理には，材料を硬く，粘り強くさせるための「焼入れ・焼戻し」，軟らかくすることで内部応力を除去するための「焼なまし」，不均一な組織を標準状態に戻すための「焼ならし」などがある．いずれの処理も加熱・保温・冷却を行い，それぞれの条件を変えることによって，材料は硬くなったり軟らかくなったりする.

　材料の性質そのものを変化させる熱処理に対し，表面に薄い膜を付着させるこ

とで新たな性質を付加する処理が**表面処理**（Surface Treatment）である．樹脂を含んだ塗料を表面に塗るものを「塗装」といい，電気や化学反応によって材料の表面に金属被膜を形成させるものを「めっき」という．さび防止や耐摩耗性，耐食性などを目的とする．

5　特殊加工

Non-traditional Machining

　切削加工や成形加工は外部から力を加えることで材料を変形させる加工方法であるが，光や電気によって材料を局所的に溶かして成形する加工方法がある．その一つがレーザ光によって板材の切断や表面へのマーキングを行う**レーザ加工**である．レーザ発信器から出たレーザ光を集光レンズによって工作物上の1点に集中させ，材料を溶かして切断する．出力を変えることで，工作部表面の印字などのマーキングを行うこともできる．光ではなく，電気エネルギーを熱に変えて材料を溶かす加工方法が**放電加工**である．加工したい形状を反転させた電極を用いる形掘り放電加工，電極に細いワイヤを使用するワイヤ放電加工があり，導電性であれば，焼入れした硬い材料でも精密に加工することができる．

　切削加工のように素材を削り取って成形するのではなく，何もない状態から材料を積み重ねて造形するものが**3Dプリンタ**である（図6・10）．樹脂や金属など

(a) 熱溶解積層方式

(b) 光造形方式

(c) 粉末焼結方式

●図6・10　3Dプリンタの例

Note

の2次元平面の層を積み重ねることにより，3次元の形状を作る．3次元の CAD データがあればほぼ自動的に立体造形できること，切削や成形では困難であった複雑な形状でも造形可能であることなどの理由から，試作品の製作に広く使用されている．代表的な方式に，**熱溶解積層方式**（Fused Deposition Modeling：**FDM**）と**光造形方式**（Stereolithography：**SLA**），**粉末焼結方式**（Selective Laser Sintering：**SLS**）が挙げられる．FDM 方式とは，ABS などの熱可塑性樹脂のフィラメントを溶融押し出しして1層ずつ積み重ねる造形方法である．これに対し，SLA 方式は，紫外線硬化樹脂の液体（レジン）に紫外線を当てて1層ずつ硬化させ，積み重ねるというものである．レーザ光を平面上に走査することで層を形成する方法とプロジェクタのように面で紫外線を照射することで一度に層を形成する方法などがある．SLS 方式は，樹脂や金属などの粉末材料にレーザ光を照射して焼結させる方法である．切削加工に対し，元の素材形状を考慮する必要がないことや切削工具を使用しないことなどから，アディティブマニュファクチャリング（Additive Manufacturing：AM）として市場が高い成長を続けている．

6.3　CAD/CAM/CAE
Computer Aided Design/Computer Aided Manufacturing/Computer Aided Engineering

　従来，図面は手書きであったが，最近ではコンピュータを用い **CAD**（Computer Aided Design）により設計・製図を行うことが一般的である．初期の CAD は，単なる製図（2次元）の道具程度の機能しか有していなかったが，現在では部品の立体形状を3次元の数値データとして扱えるようになった．これにより，画面上で容易に部品の3次元モデルを視認することが可能となり，部品どうしの組合せ（アセンブリ）や干渉なども製造前に確認できる．CAD による部品形状の数値データを用いることで，これまで人が操作して加工する工作機械に代わり，**コンピュータ数値制御**[†4]（**CNC**：Computer Numerical Control）による工作機械（図6・11），さらには**マシニングセンタ**[†5]と呼ばれる NC 加工用に設計された工作機械を用いて，設計→製図→加工→生産が一貫してスムーズに行えるよう

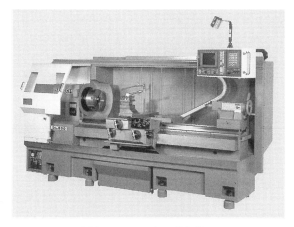

●図6・11　NC加工機旋盤
大日金属工業(株)　カタログより引用

になってきた．これを **CAM**（Computer Aided Manufacturing）と呼ぶ．特に，3次元 CAD で作った形状データは 3D プリンタで造形できるため，製品試作時にこれを導入することで，製造コストを大幅に削減できるようになった．また，部品の形状データには材料特性などの情報も入れられるため，**CAE**（Computer Aided Engineering）ソフトウェアを用いることで，応力・変形や強度計算などがコンピュータ上で解析可能となり，実際に部品を加工しなくてもさまざまな検討が仮想的にできるようになっている．産業界ではこのような CAD / CAM / CAE を活用して，日々，生産の効率化，低コスト化の努力が図られている．

6.4　設計および製図

Designing and Drawing

1　機械製図

Mechanical Drawing

技術者が「もの」を設計する際には，その形状，大きさ，加工法などの情報を

Note

†4　旋盤，ボール盤，フライス盤など通常の工作機械に，工具の移動量や移動速度などをコンピュータにより数値で制御する送り駆動機構を備えている自動加工装置の総称．

†5　切削加工を目的とし，コンピュータ数値制御により多種の工具を用いて複合的な加工を行う工作機械．

伝達する手段が必要であり，そのための図面は重要である．図面は部品を加工・生産するための加工指示書であるから，その情報は確実かつ正しく生産する側に伝わらなくてはならない．そのため図面を描くための共通の言語・文法として，世界共通の規格である ISO（International Organization for Standardization）のもとに数字・文字や線の種類が決められている．

1. 投影図

「もの」は3次元の立体物であり，基本的に図面は2次元の平面上に表現する．投影の手法により物体の形を平面に写し出した図形を**投影図**という．機械製図では，無限遠にある点から物体を見る方法（平行投影）により図形を描く．その他，有限の距離にある物体を投影する透視投影があり，立体的に表現することができる．これらの投影法はさらに，さまざまな手法・図に分類され，機械製図では**第三角法**を用いる（図6・12）．第三角法では，物体を上下左右など6方向から投影した投影図を基本とするが，すべて描く必要はなく，一般には2面または3面で表現できる．幾何学的には6面のうち，いずれの面も正面図とすることができるが，物体の形状や特長・機能を最も適切に表している面を主投影図とし，これを正面図とする．

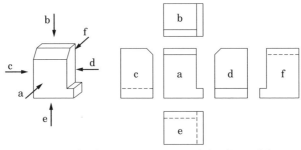

a 方向の投影：正面図　　d 方向の投影：右側面図
b 方向の投影：平面図　　e 方向の投影：下面図
c 方向の投影：左側面図　f 方向の投影：背面図

●図6・12　第三角法

2. 線と文字

機械製図で用いる線の種類については JIS で規定されており，実線，破線，

一点鎖線，二点鎖線の四種類である．線の太さについては，細線（"さいせん"ではなく"ほそせん"と読む），太線，極太線（太さの比は1：2：4）を用い，0.13から2 mmと規定されており，手書きの図面では．通常，0.3，0.5，0.7 mmの替芯を使い分けて描く．それぞれの種類および太さにより，さまざまな意味を表現する．それらの代表例を**表6·1**に示す．

■表6·1　線の種類とその用途

用途による名称	線の種類		線の用途
外形線	太い実線	———	対象物の見える部分の形状を表すのに用いる．
寸法線	細い実線		寸法の記入に用いる．
寸法補助線		———	寸法を記入するために図形から引き出す際に用いる．
引出線			記述・記号などを引き出すために用いる．
かくれ線	細い破線または太い破線	-------	対象物の見えない部分の形状を表すのに用いる．
中心線	細い一点鎖線	—·—·—	中心線を簡略に表す際に用いる．

文字の表記には，数字，ローマ字（大小文字）を主体に，ひらがな，カタカナ，漢字が用いられる．幅および高さが同じ2.5～10 mmの大きさで，寸法などを表す数字や記号などは，高さ5 mm，太さ0.5 mmで描く．

物体の形状については，3種類の図形線として外形線・かくれ線・中心線を用いて描く．物体内部の見えない部分についてはかくれ線を用いて表現することができるが，その構造が複雑な場合には，多数のかくれ線を用いることとなり，理解を妨げる．このような場合には，物体を断面で切断して内部構造を表示する断面法を用いる．この図を**断面図**という．

3. 寸法の表し方

描かれた図形に，物体の大きさ（幅，高さ，厚さ，直径など），角度，位置の寸法を記入する．寸法は，寸法線，端末記号（機械製図では矢印）および寸法補助線を用いて記入し，寸法の単位はmmとし単位記号は記入しない（**図6·13**）．

Note

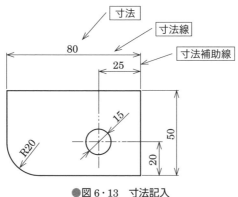

●図6・13 寸法記入

　個々の部品に求められる機能上，μm のオーダの精度が必要なものや，0.1 mm 程度の精度で十分なものまである．そこで，実際に加工・製作する際には，その許容範囲（ばらつきの範囲）を**寸法公差**や寸法許容差として図面上に示す．これらの公差については，JIS において等級（精級から極粗級まで4等級）および区分により数値が規定されている，普通公差を用いる．

4. はめあい（嵌合い）

　軸を軸受に組み込む場合や，その軸受を周りのケースなどに取り付けるように穴と軸など二つの部品を組み合わせる場合，これらの寸法（直径など）の大小関係により，「きつさ」や「ゆるさ」に影響を及ぼす．この関係は**はめあい**と呼ばれ，**すきま**（軸が穴の寸法より小さい）と**しめしろ**（軸が穴の寸法より大きい）として寸法差を示す（図6・14）．組み合わせたときに，必ずすきまができるはめあい

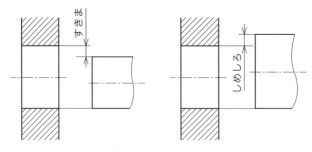

●図6・14　はめあい

は"すきまばめ"であり，軸が回転する場合や容易に分解させたいときに用いる．一方，しめしろとなる場合を"しまりばめ"と呼び，分解させたくない場合などに用いられる．さらに，両者のはめあいができる場合を"中間ばめ"とし，3種類のはめあいがある．通常は加工上，穴の寸法（公差）を固定し，軸の寸法を調整する穴基準はめあいとして設計する．寸法記入上は基準寸法に加えて，公差の範囲として公差域クラスをローマ字（穴の場合には，基準寸法より大きいAから基準寸法より小さいZCまで）と，等級数字（通常は5～9が用いられる）で示す．

5. 表面粗さ

材料を加工して，要求される形状や寸法に仕上げるが，その表面は加工方法により凹凸やうねりなど表面性状が異なり，その表面性状の違いが機械としての性能やコストに大きく影響する．この凹凸を**表面粗さ**といい，算術平均粗さや最大高さ粗さとして $0.1\,\mu\mathrm{m}$ 以下から数百 $\mu\mathrm{m}$ の範囲に定量的に規定する．加工図面にはこれら表面粗さも指示する．

② 材料の強度と安全性

Material Strength and Safety

部品は形状だけでなく，その材質や，必要な強度および安全性を考慮して設計する必要がある．部品には，圧縮，引張り，せん断，曲げ，ねじりなどさまざまな力が作用する．したがって，機械全体の中の一つの要素として使われる状況を想定し，それぞれの力に対して強度を維持するように設計しなくてはならない．

1. 応力とひずみ

ある材料（丸棒）の断面に垂直（長さ方向）に力（外力）P が作用している状況を考えてみよう．このとき，任意の断面内（断面積 A）では左右から同じ力（内力）が垂直かつ均一に作用しており，その（垂直）**応力** σ〔MPa〕は

$$\sigma = \frac{P}{A} \tag{6・5}$$

と計算される（図6・15）．このような力（引っ張る方向を想定）を受けると，材

Note

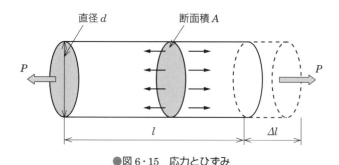

●図6・15　応力とひずみ

料の長さは変化し，元の長さを基準とした変化量としてひずみを生じる.

垂直ひずみ　$\varepsilon = \dfrac{\Delta l}{l}$　　　　　　　　　　　　　　　　(6・6)

横ひずみ　　$\varepsilon_d = \dfrac{\Delta d}{d}$　　　　　　　　　　　　　　　(6・7)

d：丸棒の場合の直径

P, σ, ε, Δl が正の値の場合は引張り，負の場合は圧縮となる. 横ひずみと垂直ひずみの比として，ポアソン比は

ポアソン比　$\nu = -\dfrac{\varepsilon_d}{\varepsilon}$　　　　　　　　　　　　　　(6・8)

と定義される. 金属のポアソン比は約 0.3 である. また，垂直応力と垂直ひずみの間には次の比例関係が成り立つ.

$\varepsilon = \dfrac{\sigma}{E}$　　　　　　　　　　　　　　　　　　　(6・9)

ここで比例定数 E〔Pa〕は，縦弾性係数（またはヤング率）と呼ばれ，弾性状態（後述）で成立する. 表6・2 に代表的な材料ごとの値を示す.

材料の強度は，応力とひずみの特性で表される. この特性は，JIS により規格化された試験片（形状・大きさなど規程）について，引張り試験機を用いて引張りや圧縮力を加えたときの，荷重と変位（伸び）の測定値から，**応力 (σ)-ひずみ (ε) 線図** として得られる. 軟鋼の線図の場合を図6・16に示す. 応力が小さい範囲では，応力とひずみは比例し，**弾性状態**の領域を示す. この領域では応力

■表6・2　各種の材料定数

材　料	縦弾性係数（ヤング率） E〔GPa〕	横弾性係数 G〔GPa〕	ポアソン比 ν
銅	206	80	0.3
炭素鋼	216	83	0.3
鋳鉄	74〜103	26〜34	0.3
黄銅	108	49	0.33
アルミ合金	67	26	0.33
金	79	27	0.19

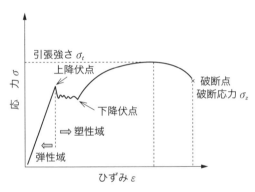

●図6・16　応力-ひずみ線図（軟鋼）

を除去するとひずみは元に戻り，繰り返して部品の使用が可能である．応力をさらに増加させると，弾性変形の限界を超え，この限界が**降伏応力**となる（軟鋼では上下二つの降伏点[6]がある）．通常，部品を弾性領域で使用するためには，降伏応力（軟鋼では下降伏点）以下の応力が加わるように配慮しなくてはならない．

　降伏応力を超えると，応力を除去しても元に戻らない（ある程度伸びたまま）塑性変形を生じる．さらに引っ張ると応力は最大となり，そのときの値を引張強さ（σ_t）と呼ぶ．さらに引っ張り続けると破断ひずみ（このときの応力：破断応力 σ_z）に達して材料は破断する．

Note
†6　降伏応力は温度の影響を受ける．

2. 安全率と許容応力

　機械・部品の設計においては，各部に生じる応力がその材料の許容応力以下となることが重要である．応力の予測・計算解析においては，環境や条件などが複雑なため，不確実さを考慮する必要があり，そこで，**安全率**（>1）を用いる．<u>安全率が大きいということは，安全性が高いことを意味するのではなく，応力予測の不確実さが大きいこととなる</u>．材料が安全に機能できる最大の応力である**許容応力**は，安全率を用いると式（6・10）となる．材料の基準強さは，引張強さ・降伏点，繰返し荷重による疲労，座屈限界応力（圧縮），その他衝撃荷重などの影響などにより設定される．

$$許容応力 = \frac{基準強さ}{安全率} \tag{6・10}$$

　機械・部品に繰返し応力を加えて長時間使用すると（材料の降伏応力より小さくても），**疲労**（Fatigue）により破壊する．繰返し応力の最大値を σ_{max}，最小値を σ_{min} とし，$(\sigma_{max} - \sigma_{min})/2$ を応力振幅 S として縦軸に，破壊時の繰返し回数 N（対数）で示した図が，S–N 線図である（図6・17）．応力振幅 S が小さくなると，繰返し回数は増えるが，S がある限界値より小さくなると，それ以上，繰返し応力を与えても破壊しなくなる．この限界を**疲労限度**と呼び，一般的な材料では，10^6 から 10^7 回で，このときの S を基準強さとして用いる．

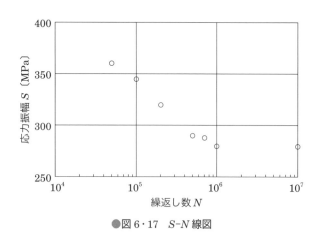

●図6・17　S–N 線図

理解度 **Check**

- 回転する軸を支える軸受には，滑り軸受と転がり軸受があり，用途により選択する．
- てこやクランクを用いるリンク機構により，回転運動と往復運動は相互に変換できる．リンク機構の基本は 4 節リンクである．
- 歯車を用いて回転する動力を伝達できる．歯形の大きさを表す値はモジュールと呼ばれ，かみ合う一対の歯車は同じモジュールであり，それぞれの歯数の比により，減速（増速）比が決まる．
- 加工法には，鋳造，鍛造，プレス加工，切削・研削加工などがあり，それぞれ適した各種加工法を用いて，素材を加工する．
- 立体形状の機械部品を 2 次元平面図面として表現するには，第三角法を用いる．図面には寸法，はめあい，表面粗さなど加工上の情報も記入する．
- 材料に引張りや圧縮など荷重を加えると，内部には応力（力/断面積）が発生し，材料は伸びたり収縮したりして，ひずみを生じる．

1 ○ 2 ○ 3 ○ 4 ○ 5 ○ **6** 7 ○ 8 ○ 9 ○ 10 ○ 11 ○

Note

その他，以下の文献も参照されたい．
[1] 米山猛，「機械設計の基礎知識」，日刊工業新聞社，1993.
[2] 小峰龍男，『よくわかる最新機械工学の基本：カタい機械をやわらかく学ぶ，機械工学・超入門』，秀和システム，2005.
[3] JSME テキストシリーズ，「機構学」，日本機械学会，2007.
[4] 萩原芳彦 編著，鈴木秀人・千葉和茂・坂本吉弘・原忠男，『よくわかる機構学』，オーム社，1996.
[5] 中里為成，『機械製図のおはなし』改訂 2 版，日本規格協会，2011.
[6] 藤本元，御牧拓郎 監修，植松育三・髙谷芳明・多根井文男・深井完祐，『初心者のための機械製図』第 4 版，森北出版，2015.
[7] 菊池正紀・和田義孝，『よくわかる材料力学の基本：初歩からわかる材料力学の基礎』，秀和システム，2004.
[8] 城井田勝仁，『ロボットのしくみ』入門ビジュアルテクノロジー，日本実業出版社，2001.
[9] 米田完・坪内孝司・大隅久，『はじめてのロボット創造設計』改訂第 2 版，講談社，2013.
[10] 日本機械学会，『機械実用便覧』改訂第 7 版，日本機械学会，2011.
[11] 大西清，『JIS にもとづく機械設計製図便覧』第 12 版，オーム社，2015.
[12] 実際の設計研究会，『実際の設計（改訂新版）』，日刊工業新聞社，2014.
[13] 西村仁，「機械加工の知識がやさしくわかる本」，日本能率協会マネジメントセンター，2016.

Training　演習問題

1 てこクランク機構において，てこの長さ 300 mm，クランクの長さ 200 mm，中間節の長さ 500 mm としたときの，固定リンクの長さ（範囲）を求めよ．

2 図 6・7 のような平歯車による 3 段の歯車列について，各歯数が $z_1＝20$，$z_2＝60$，$z_3＝35$，$z_4＝55$，$z_5＝20$，$z_6＝70$ のとき，減速比を求めよ．

3 丸棒素材を旋盤で切削加工して，直径を細く加工したい．このとき，工具の軸方向の送り速度の大小による工作物および工具への影響を考えよ．

4 図 6・18 の立体について，矢印から投影したものを正面図として，正面図，平面図および右側面図を描け．

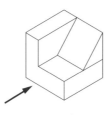

●図 6・18　立体例

5 ある穴に軸が組み込まれるとき，そのはめあいをしまりばめとした．この場合，軸の直径は穴より大きいため，そのままでは入らない．どのように組み立てるか，その方法を考えよ．

6 直径 10 mm，長さ 30 mm の炭素鋼丸棒に 500 N の力を加えて軸方向に引っ張るとき，軸方向の伸び（Δl）を求めよ．

制御器設計

学習のPoint

　制御とは，メカトロニクスなどのシステムを所望の目的に沿って動作させる技術である．制御技術が産業に使われるようになったのは 18 世紀の産業革命のときである．ジェームス・ワットが蒸気機関を一定速度で回転させるための調速機を実現したことが始まりといわれる．それとともにワットの調速機が状況によって振動する現象を解明するため制御理論の研究が盛んになった．マクスウェルとヴィシニェグラツキーが微分方程式に基づく安定性の解析法を考案した．さらにラウスとフルビッツが線形微分方程式に対する安定判別法を与えた．それ以来，米大陸間の電話用アンプの安定化や，レーダアンテナ回転制御，近代では自動車やロボットなど，常に現実問題とともに制御理論は発展してきた．

　本章ではこれら歴代の制御理論の経緯に沿って，ロボット・メカトロニクスシステムの制御技術にかかわる基礎知識と制御系設計のエッセンスについて学習する．

7.1　制御系の設計手順

Design **P**rocedure of **C**ontrol **S**ystems

　メカトロニクスシステムは，機械，電気，情報，制御を統合することにより，効率よく高度な機能を実現することを目指している．例えば，自動車のエンジンは，さまざまな環境や負荷のもと，ドライバーのアクセル指令に合わせ，エンジンの制御量をコンピュータで計算することで，望ましい回転数やトルクを実現している．このようにシステムの挙動を望ましい状態とする技術が制御である．

　システムを制御するには，アクチュエータを通じてシステムに加えた入力と，それに対する出力との関係を示す動特性を知る必要がある．2章で述べたモデリングは，システムの入出力関係を記述する作業であり，ほとんどの制御系設計に必要な工程である．そして制御の基本形ともいえる**フィードバック制御**は，センサで測定された出力 y を目標値 r と比べ，その偏差 e がなくなるようにシステムの入力 u を調整する方法である（後出の図 7·15（a）参照）．フィードバックの枠組みのもとでは目標値が変化する場合でも，"偏差 e を 0 にする"問題に帰着する．この枠組みの中で，個々の状況や仕様によって，どの程度の速さで目標値に追従する（偏差 e を 0 にする）のか，どの程度の外乱に対して頑強となるように設計するのかが，制御系設計における設計要因となる．

　制御系設計の一般的な工程の流れは以下となる．

1．制御目的の明確化
2．設計仕様の作成
3．センサ・アクチュエータを含めたシステムのモデリング
4．モデルの未知パラメータの推定・同定
5．モデルに基づくシステムの特性解析
6．制御系設計
7．シミュレーションを含む制御系の解析
8．制御系の実装

　上記の工程では，途中の結果によって上位の工程に戻ったり，繰り返したり，試行錯誤を行うことが多い．制御系設計では，各工程において妥当性を判断しつ

つ，進めることが重要である．

7.2 制御理論の歴史

History of **C**ontrol **T**heory

制御理論についての歴史を簡潔に述べることにする．歴史を知ることにより制御理論の体系や関連性を把握でき，個々の理論も理解しやすくなる．

制御の始まりは産業革命時の蒸気機関にある．蒸気機関がさまざまな産業分野で利用されるようになったきっかけは，ワット[†1]によって作られた調速機（ガバナ）により蒸気機関の回転速度を一定に保てるようになったからである．しかし，ワットの蒸気機関には，時として振動現象が起こる不具合もあった．この振動現象を解明したのが，イギリスのマクスウェル[†2]とロシアのヴィシニェグラツキー[†3]であった．彼らは調速機を含めた蒸気機関の動特性を微分方程式で表し，この微分方程式に基づいた安定性解析によって，調速機設計に有効な知見を与えた（1876年）．

マクスウェルが主張したのは，"フィードバック系（閉ループ系といわれる）を線形微分方程式で表し，システムの安定性を微分方程式の係数から調べるべきである"ということであり，ラウス[†4]がその方法を与えた．その後，フルビッツ[†5]は行列計算によって同じ結果を与える方法を示した．これが現代でも用いられている**ラウス-フルビッツの安定判別法**である．1950年代には，周波数特性に注目して制御対象の特性解析や制御器設計を行う，いわゆる**古典制御**が体系化された．制御系設計の際に，周波数特性から安定性を判断する方法として，ボード（Bode）線図，ナイキスト（Nyquist）線図，ニコルス[†6]線図などが提案され，これらは現在でも制御系設計者の重要なツールとなっている．ナイキスト[†7]は

Note

†1 ジェームス・ワット（James Watt, 1736-1819）
†2 ジェームス・クラーク・マクスウェル（James Clerk Maxwell, 1831-1879）
†3 イワン・アレクセビッチ・ヴィシニェグラツキー（Iwan Alexeevich Vyshnegradskii, 1832-1895）
†4 エドワード・ジョン・ラウス（Edward John Routh, 1831-1907）
†5 アドルフ・フルビッツ（Adolf Hurwitz, 1832-1895）
†6 ナザニエル・ニコルス（Nathaniel B. Nichols, 1914-1997）
†7 ハリー・ナイキスト（Harry Nyquist, 1889-1976）

ベル研究所でフィードバック増幅器の設計に従事したスウェーデン生まれの技術者であり，彼の伝記をカール・オストローム教授が書いているので参考にされると面白い．また，1996年よりニコルスの業績を記念して，国際自動制御連盟は制御応用に優れた業績をあげた研究者にニコルスメダルを与えている．

　1960年に国際自動制御連盟の第1回総会が開催されたとき，それまでの周波数特性に基づく制御理論を大きく変える論文が，米国の研究者カルマン（ハンガリー生まれ）[†8]とソ連の数学者ポントリャーギンによって発表された．特にカルマンは，システム表現に"状態"という概念を導入し，入力によるシステムの制御可能性と，出力からの状態推定可能性を示す**可制御性・可観測性**という概念を与えた．彼はまた，ビューシー[†9]とともに発表した論文において，2次評価関数を最小にする最適制御と同様に，Riccati方程式の解によって，カルマン・ビューシーフィルタが与えられることを示した．これらが状態空間表現を用いた**現代制御理論**と呼ばれる理論体系の根幹である．また，カルマン・ビューシーフィルタは現在でも広い分野で活用されている．ちなみにカルマンには，クロード・シャノン[†10]とともに先端技術分野への貢献が認められ，第1回京都賞が贈られた．

　カルマンによる現代制御理論が正確なモデルを必要とするのに対し，古典制御の周波数特性を利用したシステム表現は，モデル不確定性をある程度考慮できる利点がある．そこで両者を融合し，不確定性を陽に扱う状態空間ベースの制御理論として**ロバスト制御**が体系化され産業界で大いに役立っている．さらに近年では，システムの非線形性を扱える非線形制御や，多数の要因が複雑に絡み合って構成されるネットワークシステムに対する制御技術なども研究され，制御理論の進歩も著しい．

　その中でも本書は，メカトロニクス分野を通して，制御に初めて触れる読者を想定し，制御を取り扱うために必要な基礎的概念やツールを次節以降で説明することにする．

7.3　ブロック線図

Block **D**iagram

メカトロニクスシステムを構成する要素や構成要素間の相互作用，信号の伝達を表現する方法として，図2·2で示したような**ブロック線図**は有用である．ブロック線図とは，システムを構成する要素をブロック（箱）で表し，その要素に出入りする情報を矢印で表したものである．要素に入る信号を**入力**，要素から出る信号を**出力**と呼ぶ．入力はブロックで表される要素に影響を及ぼす原因であり，出力はその結果である．また，数式的に見ると，入力はその値を自由に与えられる独立変数であり，出力は入力によって決まる従属変数となる．

複数の信号を足したり引いたりする場合には**加え合わせ点**を表す記号"○"を用いる（図2·5などを参照のこと）．"○"に入り込む信号に"＋"を付けると加算，"－"を付けると減算を表す．ただし，"＋"は省略することが多い．一方，ある信号を分岐させる場合には**引出し点**を表す記号"●"から矢印を引き出す．

システムを表すブロック線図が，複数のブロック（要素）から構成される場合に，ブロックを一つだけもつ等価なシステムに書き換えることができる．例えば，図2·5のバネ−マス−ダッシュポット系を等価なシステムに変換すると図7·1となる．

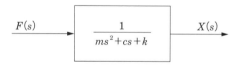

●図7·1　バネ−マス−ダッシュポット系の等価システム

因果関係とは，過去から現在にかけて加えた入力によって出力が決まることを意味する．因果関係が成立する場合は，原因（入力）があって初めて結果（出力）があるので，現在の出力は未来の入力によらない，ともいえる．ブロック線図は

Note

†8　ルドルフ・エミル・カルマン（Rudolf Emil Kalman，1930-2016）
†9　リチャード・ビューシー（Richard S. Bucy，1935-2019）
†10　クロード・シャノン（Claude Elwood Shannon，1916-2001）

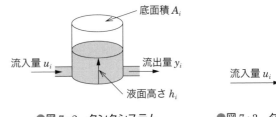

●図7・2　タンクシステム

●図7・3　タンクシステムのブロック線図

因果関係に基づいてシステムを記述する方法の一つである.

　実システムをブロック線図で表すときには，どの情報を入力と出力にとるか，つまり因果性について注意を払わなければならない. 例えば，図7・2のタンクを考えてみよう. タンクは円筒形状をしており，その底面積はA_iである. 単位時間当たりの流入量をu_i，流出量をy_i，液面の高さをh_iとすると，次の微分方程式で表すことができる. ただし，添え字のiはタンクの番号を表す.

$$A_i \dot{h}_i = u_i - y_i \tag{7・1}$$

　式(7・1)は入力u_i，出力y_iをもつシステムに見える（図7・3）. ここで図7・4のように，二つのタンクを直列につなぐことを考えてみよう. タンク1からの流出量y_1がタンク2の流入量u_2となって，ブロック線図上でも図7・5のように，

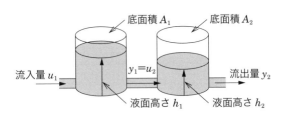

●図7・4　二つのタンクを直列に連結したシステム

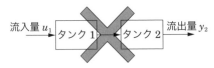

●図7・5　二つのタンクを直列に連結した場合の誤ったブロック線図

各タンクのブロックを直列結合することができそうである.

しかし，これは成り立たない．なぜならば，タンク1とタンク2の間を行き来する流量は，互いのタンクの液面の高さの差に依存するからである.場合によってはタンク2からタンク1へ逆流することもある．つまり，式で表せば

$$y_1 = u_2 = c_{12}(h_1 - h_2) \tag{7・2}$$

となる（ただし c_{12} は比例定数）．ブロック線図では矢印の向きが因果関係を示すので，図7・4のように二つのタンク間で逆流する可能性がある場合には結線できない.したがって，タンク1とタンク2を直列につないだ場合の正確なブロック線図は図7・6となる.

この例のように，一見因果関係が成立しているように見えても，実は成立していない場合もある．システムが複雑になればなるほど，因果性を勘違いしてしまう危険性が増す．さまざまなシステムに対する理解を深め，入力と出力の因果関係をしっかりと見極める能力を身に付けることが重要である．

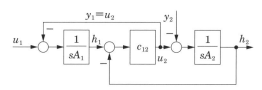

●図7・6　二つのタンクを直列に連結した場合の正しいブロック線図

7.4　システム構造

System Structures

ブロック線図を用いてシステムを表現すると，複雑なシステムのなかにも特徴的な構造を見出すことができる．本節では，安定性に寄与する**フィードバック構造**や，応答性に関係する**フィードフォワード構造**について述べる．その後，線形/非線形システムや連続/離散システムといったシステムの種類について紹介する．

Note

139

1 フィードバック

feedback

●図7・7　フィードバック構造

フィードバックという用語は，Feed（供給する，入れる）＋Back（元の位置へ，戻って）という語源をもつ．フィードバックは図7・7からもわかるように，出力を入力に戻す構造となる．出力を入力にプラスして戻す場合はポジティブフィードバック（正帰還），マイナスして戻す場合はネガティブフィードバック（負帰還）と呼ぶ．フィードバック構造の本質は，出力という"結果"を入力という"原因"に反映させることにある．

"フィードバック"の工学的応用は，アームストロング[†11]が，当時のアンプの増幅率を改善する方法として提案したことが始まりといわれる．しかし，アームストロングが提案したフィードバックの構造は"正帰還"であったので，アンプ単体の増幅率が少し変化しただけで，フィードバック構造を含めた全体の増幅率が大きく変化してしまうという欠点があった．その後，米国のベル研究所に勤めていたブラック[†12]は，"負帰還"によって高性能のアンプを実現し，1927年に特許を取得した．彼のアンプは"負帰還"のため，"正帰還"に比べると全体の増幅率は高くない．しかし，アンプ単体に性能のばらつきや増幅率の変動があったとしても，全体の増幅率を安定化させることに成功していた．つまり，フィードバックによってアンプという要素に個体差があったとしてもシステム全体としての品質を保てることを示したのだ．現在の制御器に用いられているフィードバック構造の大半は，この"負帰還"型である．

2 フィードフォワード

feedforward

フィードバック技術はさまざまな分野に大きな影響を与え，今では必要不可欠な技術の一つとなった．しかし，フィードバックは本質的に"反応型"であり，事が生じてから対応し始めるため，速応性が劣りがちとなる．もし，対象とするシステムの動的な特徴が完全にわかっている場合には，あらかじめ決められた入力をシステムに加え，速応性を改善することができる．これをフィードフォワー

ド制御という．そのブロッ
ク線図を図7・8に示す．
しかし，フィードフォワー
ド制御はシステムの現在の
状態を考慮せず入力を決定

●図7・8 フィードフォワード制御系

するため，予期せぬ外乱や対象システムの変動に弱いという欠点がある．この解決策として，フィードフォワード制御とフィードバック制御を組み合わせた**2自由度制御系**（図7・9）がある．フィードバック効果により外乱や変動に強く，フィードフォワード効果により速応性に優れた両方の利点をもつ．

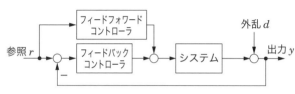

●図7・9 2自由度制御系

③ 線形システム，非線形システム

Linear System, Non-linear System

図7・10にあるように，あるシステムにu_1という入力を加えたときの出力がy_1，u_2という入力を加えたときの出力がy_2のとき，このシステムに$\alpha u_1 + \beta u_2$（α，βは定数）という入力を加えたときの出力が$\alpha y_1 + \beta y_2$となるならば，このシス

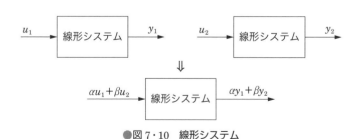

●図7・10 線形システム

Note

†11 エドウィン・アームストロング（Edwin Armstrong, 1890-1954）

†12 ハロルド・ステファン・ブラック（Harold Stephen Black, 1898-1983）

テムは**線形システム**である．線形システムに対する解析法や制御系設計法がすでに確立され，体系化されている．

2章で示したバネ–マス–ダッシュポッド系や RLC 回路も線形システムである．一方，身の回りにある実システムのほとんどは非線形システムである．非線形システムでは上記の性質が成り立たない．しかし，非線形システムにおいても，運用上その動作範囲を十分に限定できれば，多くの場合，その動作範囲内において線形システムとして近似することができる．この場合，線形システムに対する解析法や制御系設計法を適用することができる．その一方で，非線形性をそのまま扱い，個々の非線形システムに固有な特性を活かした解析や設計法についての研究も活発になされており，興味深い発展を続けている．

4　連続時間システム，離散時間システム

Continuous-time System, Discrete-time System

連続的な時間変化を扱うシステムを**連続時間システム**と呼び，離散的な時間変化を扱うシステムを**離散時間システム**と呼ぶ．通常の物理システムは，連続時間 t の関数としてその挙動 $x(t)$ が記述されるので連続時間システムである．また，アナログコンピュータを用いてシステムのモデルを構成した場合，電気回路で構成されるためやはり連続時間システムとなる．一方，ディジタルコンピュータを用いてシミュレータや制御コントローラを構築すると，ディジタルコンピュータはクロックと呼ばれるある一定時間 ΔT ごとに処理を行うため離散時間システムとなる（図7·11）．ブロック線図では，実線の矢印で連続信号を，点線の矢印で離散信号を表すことで，信号の種別を明示する場合がある．

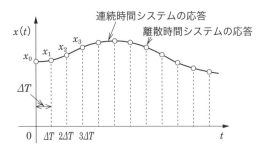

●図7·11　連続時間システムと離散時間システムの応答

7.5 周波数領域における制御系設計
Control System Design in Frequency Domain

制御器の設計理論は用途により実にさまざまである．制御対象がメカトロニクスシステムのような動的な物理システムの場合には，周波数領域で議論すると有益であることが多い．周波数特性の概念を用いると，システム全体の安定性や応答について理論的な考察ができるだけでなく，制御仕様を明確に表しやすいからである．本節では，周波数領域でシステムを扱うべく，システムの伝達特性や周波数特性，安定性にかかわるゲイン余裕や位相余裕，PID 制御器の調整法などについて説明する．

1 周波数伝達関数

Frequency Transfer Function

線形システムに振幅 A，角周波数 ω〔rad/s〕の正弦波入力

$$u(t) = A \sin \omega t \tag{7・3}$$

を加えたとき

$$y(t) = MA \sin(\omega t + \phi) \tag{7・4}$$

なる出力が得られたとする．このときの振幅比 M を**ゲイン**（**Gain**），ϕ を**位相**（**Phase**）という．図 7・12 にその概念を示す．

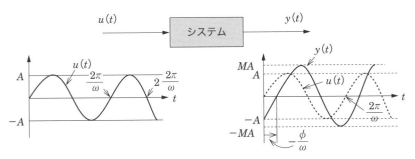

●図 7・12　システムの入出力とゲイン・位相

Note

システムの伝達関数 $G(s)$ が求まっていれば，ゲインと位相を容易に計算することができる．式 (7・3) はオイラーの公式により複素領域で一般化することができる（以下，j は虚数単位）．

$$u(t)=A(\cos \omega t + j \sin \omega t)=Ae^{j\omega t} \tag{7・5}$$

式 (7・5) で表される信号をシステムに入力すると，時間が十分経過した後の定常状態においては

$$y(t)=G(j\omega)\cdot Ae^{j\omega t} \tag{7・6}$$

となることが知られている．ここで，$G(j\omega)$ は伝達関数 $G(s)$ において $s=j\omega$ とおいたものであり，**周波数伝達関数**という．線形システムに正弦波状の周期信号を入力として加えると，出力も周期信号となる．このとき周波数伝達関数は入力に対する出力の変化の度合いを表す．周波数伝達関数 $G(j\omega)$ は複素数をとり，その実部と虚部を

$$G(j\omega)=\mathrm{Re}(G(j\omega))+j\mathrm{Im}(G(j\omega)) \tag{7・7}$$

として，ガウス平面（複素平面）に図示すると図7・13となる．図より $G(j\omega)$ は長さ $|G(j\omega)|$，偏角 $\angle G(j\omega)$ のベクトルの先端を指す．よって極座標で表すと $G(j\omega)=|G(j\omega)|\cdot e^{j\angle G(j\omega)}$ となる．このとき出力 $y(t)=|G(j\omega)|\cdot Ae^{j(\omega t+\angle G(j\omega))}$ となり，式 (7・4) と比較すると，ゲイン M と位相 ϕ は図7・13の幾何学的関係から

$$M=|G(j\omega)|=\sqrt{\mathrm{Re}(G(j\omega))^2+\mathrm{Im}(G(j\omega))^2} \tag{7・8}$$

$$\phi=\angle G(j\omega)=\tan^{-1}\frac{\mathrm{Im}(G(j\omega))}{\mathrm{Re}(G(j\omega))}\pm 2\pi k \quad (k=0,1,2\cdots)^{\dagger 13} \tag{7・9}$$

と計算することができる．このように，複素数の絶対値と偏角の概念を導入する

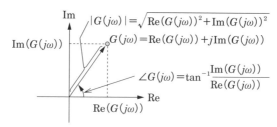

●図7・13　複素数の大きさと位相角

ことで，システムの伝達特性が角周波数 ω によって特徴づけられる．次に説明するボード線図は，この周波数領域におけるシステムの伝達特性を図示する方法である．

❷ ボード線図

Bode Plot

ボード[14]線図はシステムの周波数領域における伝達特性すなわち周波数特性の図示法である．ボード線図は，角周波数 ω に対するゲインを示す**ゲイン曲線**と，位相を示す**位相曲線**の二つの曲線から構成される（図 7・14）．ゲイン曲線は角周波数を横軸に対数目盛りで表し，ゲインを縦軸にデシベル値 $20 \log_{10} |G(j\omega)|$〔dB〕で表す．位相曲線は角周波数を横軸に対数目盛りで，位相 ϕ を縦軸に度〔°〕の単位で表す．ボード線図のゲイン曲線および位相曲線は周波数伝達関数 $G(j\omega)$ から次式により求まる．

ゲイン曲線：$20 \log_{10} |G(j\omega)|$〔dB〕　　　　　　　　(7・10)

位相曲線：$\angle G(j\omega) = \tan^{-1} \dfrac{\mathrm{Im}(G(j\omega))}{\mathrm{Re}(G(j\omega))} \pm 360\, k$〔°〕[13]　　(7・11)

$$(k = 0, 1, 2 \cdots)$$

また，ω_1 から ω_2 の周波数幅を示す単位としては，**デカード**（**Decade**）（1 デカード〔dc〕$= \omega_2 / \omega_1 = 10$），あるいは**オクターブ**（**Octave**）（1 オクターブ〔oct〕$= \omega_2 / \omega_1 = 2$）が使われる．

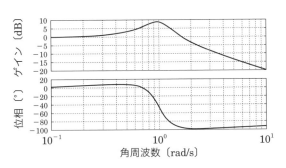

●図 7・14　ボード線図の例

Note

†13　位相は ω を 0 から ∞ まで変化させるときに，（$\mathrm{Re}\,G(j\omega)$，$\mathrm{Im}\,G(j\omega)$）の 4 象限逆正接が連続するように k を選ぶ．

†14　"ボード" あるいは "ボーデ" と呼ぶ．
　　　ヘンドリック・ボーデ（Hendrik Wade Bode, 1905–1982）

周波数伝達関数 $G(j\omega)$ が n 個の $G_i(j\omega)$ $(i=1,\cdots,n)$ の積

$$G(j\omega) = \prod_{i=1}^{n} G_i(j\omega) \tag{7・12}$$

で表されるとき，$|G(j\omega)|$ のデシベル値は

$$20 \log_{10}|G(j\omega)| = 20 \log_{10}(|G_1(j\omega)| |G_2(j\omega)| \cdots |G_n(j\omega)|)$$
$$= 20 \log_{10}|G_1(j\omega)| + 20 \log_{10}|G_2(j\omega)|$$
$$+ \cdots + 20 \log_{10}|G_n(j\omega)| \tag{7・13}$$

となり，各 $G_i(j\omega)$ のデシベル値の和で与えられる．位相についても，偏角に関して

$$\angle G(j\omega) = \angle G_1(j\omega) + \angle G_2(j\omega) + \cdots + \angle G_n(j\omega) \tag{7・14}$$

なる関係が成立するので，各々の要素 $G_i(j\omega)$ のゲイン曲線/位相曲線の和が $G(j\omega)$ のゲイン曲線/位相曲線となる．

③ フィードバック系と一巡伝達関数

Feedback System and Loop Transfer Function

フィードバック制御系（図7・15(a)参照）は，制御対象（"プラント"とも呼ぶ）$P(s)$ の出力 y が指令値 r と一致するように制御するためのシステム構成である．フィードバック系の解析や制御系設計には指令値 r から出力 y までの閉ループ系の性質や特性が重要となるが，誤差 e から帰還 f までの開ループ伝達特性によってフィードバックループを解析することができる．誤差 e から帰還 f までの伝播は経路上にある伝達関数の積（図7・15(a)では $P(s)C(s)$）によって決定される．この $P(s)C(s)$ は**一巡伝達関数**（図7・15(b)参照）といわれ，一巡伝達関数のゲインと位相が適切な条件を満たすことがフィードバック系全体の安定性につながる．このような条件を表すものとして次項に述べる**ゲイン余裕**と**位相余裕**がある．

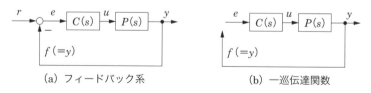

(a) フィードバック系　　　(b) 一巡伝達関数

●図7・15　フィードバック系と一巡伝達関数

④ ゲイン余裕と位相余裕

Gain Margin and Phase Margin

一巡伝達関数の周波数特性を表す $G_{pc}(j\omega)$ $(:=P(j\omega)\cdot C(j\omega))$ のボード線図において, ゲインが1 (デシベル値だと $20\log_{10}1=0$ 〔dB〕) となる角周波数, つまり $|G_{pc}(j\omega_{cg})|=1$ となる角周波数 ω_{cg} を**ゲイン交差周波数** (Gain Cross-over Frequency) という. また, 位相が $-180°$ となる角周波数, つまり $\angle G_{pc}(j\omega_{cp})$ $=-180°$ となる角周波数 ω_{cp} を**位相交差周波数** (Phase Cross-over Frequency) という. そして, 位相交差周波数 ω_{cp} のときのゲイン $g_m:=-20\log_{10}|G_{pc}(j\omega_{cp})|$ 〔dB〕を**ゲイン余裕** (GM:Gain Margin) と呼び, ゲイン交差周波数 ω_{cg} のときの $\phi_m:=\pi+\angle G_{pc}(j\omega_{cg})$ を**位相余裕** (PM:Phase Margin) という. ゲイン交差周波数/位相交差周波数とゲイン余裕/位相余裕の関係を図7·16に示す. ω_{cp} が ω_{cg} より大きければ, 閉ループ系は安定である.

ゲインは入力信号に対する出力信号の振幅の倍率であるから, 1より大きければ信号が増幅され, 1より小さければ信号の振幅は減少する. 位相交差周波数 ω_{cp} のときゲインが1の場合を考えよう. 図7·15(b)の e が角周波数 ω_{cp} の周期信号であるとき, 帰還 f は e と同振幅で逆位相となる. 実際には図7·15(a)のように帰還 f は負帰還として e に接続されるため, e は f と同振幅で同相となり,

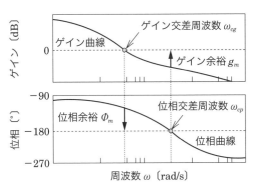

●図7·16 ゲイン余裕 g_m と位相余裕 ϕ_m の関係

Note

角周波数 ω_{cp} で振動を持続することになる．これを**安定限界**と呼ぶ．ω_{cp} におけるゲインが 1 より小さければ振幅は減少する．したがって，安定限界となるまでにどのくらいゲインを大きくしても安定性を維持できるかを表す指標が**ゲイン余裕**である．

　また，ゲイン交差周波数における位相が $-180°$ に近づくと，安定限界となる．つまり，あとどのくらい位相が遅れても安定性を維持できるかを表す指標が**位相余裕**である．

5 時間応答と周波数特性の調整指針

Design Guideline for Time Response and Frequency Characteristics

　制御系設計には時間領域における特性と，周波数領域における特性の双方を考慮する必要がある．時間領域の設計では

- 過渡特性（速応性）：立上りにおいては，速やかでかつ振動が少ないこと
- 定常特性（安定性と制御精度）：システムが安定で，かつ，時間が十分経過した後では目標値との誤差が少なくなること

の 2 点が重要である．一方，周波数領域の設計では

- 低周波域で高ゲイン：指令値に追従するため
- 高周波域で低ゲイン：ノイズの影響を低減するため
- 適度な安定余裕：プラントのパラメータ変動の影響を受けにくくするため

が必要になる．安定余裕が小さすぎると，プラントのパラメータが少し変動しただけで安定性が損なわれる場合があり，逆に大きすぎると速応性が悪くなるため，適切に調整しなくてはならない．経験的にはサーボ系（追値制御）では PM＝ $40°\sim60°$，GM＝ $10\sim20$ dB，プロセス制御（定値制御）では PM $\geq 20°$，GM＝3 ~10 dB が目安といわれている．このように制御系設計においては上記の各項目のバランスが重要となる．

6 PID 制御系と限界感度法

PID Control and Ultimate Sensitivity Method

　代表的な制御器の 1 つに PID（比例-積分-微分：Proportional, Integral, Derivative）制御器があり，その伝達関数は

$$C(s) = K_P\left(1 + \frac{1}{T_I s} + T_D s\right) \tag{7.15}$$

と与えられる．ここで，K_P，T_I，T_D（>0）はそれぞれ**比例ゲイン**，**積分時間**，**微分時間**と呼ばれている．1 入力 1 出力システムに対する PID 制御器のパラメータ設定法としては，ジーグラー・ニコルスの限界感度法がよく知られている．その設計手順は以下のとおりである．

1. 図 7·15 (a) に示したフィードバック系を構成し，コントローラ $C(s)$ を式 (7·15) とする．

2. PID 制御器を P 動作（$T_I=\infty$，$T_D=0$ として積分器と微分器を動作させないモードのこと）のみとし，K_P を変化させて閉ループ系が安定限界（ステップ応答が持続的な振動波形になる場合）となる値を見つけ，これを安定限界ゲイン K_u とする．

3. このときの持続振動の周期 T_u〔s〕を波形から読み取る．

4. 設計したい制御器のタイプに応じて，表 7·1 のように各パラメータを計算する．

PID 制御器は強力な制御器の一つで調整の容易さから現代の産業界においても活躍している．PID 制御器の構成法にはいくつかのバリエーションがあり，達成したい目標に応じて使い分けられている．

■表 7·1　ジーグラー・ニコルスの限界感度によるゲイン決定表

コントローラの種類	K_P の値	T_I の値	T_D の値
P 制御	$0.5K_u$		
PI 制御	$0.4K_u$	$0.8T_u$	
PID 制御	$0.6K_u$	$0.5T_u$	$0.12T_u$

Note

その他，以下の文献も参照されたい．

[1] 古田勝久・畠山省四朗・野中謙一郎　編著，『モデリングとフィードバック制御：動的システムの解析』，東京電機大学出版局，2001．

[2] S. Bennett, 'A history of control engineering 1800–1930' IEE Control Engineering Series, Peter Peregrinus Ltd., 1979.

[3] Rolf Isermann, 'Mechatronic Systems Fundamentals', Springer, 2005.

[4] Clarence W. de Silva, 'MECHATRONICS, An Integrated Approach', CRC Press, 2004.

[5] S. H. Crandall, D. C. Karnopp, E. F. Kurtz, Jr., D. C. Pridmore-Brown, 'Dynamics of Mechanical Systems', Krieger Publishing Company, Originally printed by McGraw Hill Inc., 1968.

[6] 示村悦二郎，『自動制御とは何か』，コロナ社，1990．

理解度 **Check**

☑制御系の設計手順は，① 制御目的の明確化，② 設計仕様の作成，③ モデリング，④ モデルの未知パラメータの推定・同定，⑤ モデルの特性解析，⑥ 制御系設計，⑦ シミュレーションを含む制御系の解析，⑧ 制御系の実装である．

☑フィードバック制御は，センサで測定された出力を目標値と比べ，偏差があればこれがなくなるようにシステムの入力を調整する制御方法である．

☑線形システムに定常正弦波を加えたとき，元の入力波形に対する振幅の比率をゲイン，波形の遅れ（に角周波数を乗じたもの）を位相という．

☑ボード線図はシステムの周波数特性を図示しており，"横軸に角周波数を対数目盛りで縦軸にゲイン"を表したゲイン線図と，"横軸に角周波数を対数目盛りで縦軸は位相"を表した位相線図からなる．

☑**PID**制御はフィードバック系において，偏差の定数倍（比例）と，積分，微分から制御入力を決定する．

Training 演習問題

1 実際のショックアブソーバは図 2·3 とは異なり，タイヤが路面状況に応じて上下動する．そこで図 2·3 の地面が上下に変動するとして，その高さ変動 u を入力，物体の位置 x を出力として，ショックアブソーバの運動方程式を求めよ．なお，u，x とも上方向を正とする．

2 問題 1 で導出した運動方程式をもとにブロック線図を描け．

3 図 7·15 (a) のフィードバック系において，制御器の伝達関数を $C(s)$，プラントの伝達関数を $P(s)$ とするとき，系全体の伝達関数を求めよ．

4 積分系：$G_1(s) = \dfrac{1}{s}$ と，1 次遅れ系：$G_2(s) = \dfrac{1}{Ts+1}$，それぞれのゲイン〔dB〕と位相〔°〕を与える計算式を求めよ．

5 図 7·15 (a) のフィードバック系において，プラントの伝達関数 $P(s)$ が $\dfrac{1}{s(s+1)^2}$ で与えられるときに，$C(s) = K$ とするフィードバック制御をかけると出力が振動し始めた．そのときの比例ゲイン K_u と，振動の周期 T_u を求めよ．

6 問題 5 の K_u と T_u から PID 制御器 $C(s) = K_P \left(1 + \dfrac{1}{T_I s} + T_D s \right)$ を設計せよ．

人工知能と制御技術

　1997 年に IBM が開発したディープブルーと呼ばれるチェス専用コンピュータが，当時のチェス世界チャンピオンであったガルリ・カスパロフに勝利したことは，第 3 次人工知能ブームの幕開けを予感させる出来事であった．人工知能研究の隆盛の中で，機械学習の 1 分野として位置付けられることが多い**強化学習**がある．囲碁のトッププレーヤたちに勝利した AlphaGo はその代表的な例である．

　強化学習という概念は，生物がもつ適応能力と学習能力の研究において導入されたものである．人工知能の分野では，コンピュータを用いてロボットなどの人工物に，生物の適応・学習能力をもたせるべく強化学習の研究が進められている．この強化学習は，制御技術とも関係が深い．制御によって達成したい振る舞いがあるとき，その振る舞いの実現率を与えるような評価関数を考えよう．制御技術における強化学習は，制御対象とその対象を取り巻く環境が未知であるときに，さきほどの評価関数を最良にするような制御器を学習によって獲得する問題と位置付けることができる（下図）．

　IoT を介するセンサネットワークによって吸い上げられたビックデータを活用し，メカトロニクス機器が望ましい振る舞いで動作するように，学習によって制御器を構成する研究が産学連携で進められている．

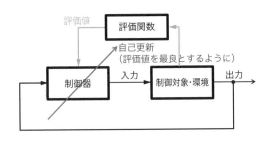

8章

●Implementation of Controller

制御器の実装

学習のPoint

　一昔前は大型コンピュータと称していた計算機の能力を，現在のパーソナルコンピュータははるかに凌駕している．電子機器に組み込まれるマイクロコンピュータも，その能力は非常に強力なものになり，さまざまな機能が実現可能となった．ロボット・メカトロニクス技術者には，マイクロコンピュータなどのハードウェアの進化とソフトウェア開発環境の進化の両方を捉えながら，制御器の実装方法を適切に選択する必要がある．

　本章では，制御器を実際のシステムに実装する際に必要な信号処理方法や組込みマイコン，実時間制御について学習する．

8.1　ロボット制御に必要な信号処理
Signal Processing for Robot Control

　ロボットを動かすためには，コントローラが必要となる．ここでいうコントローラとは，制御理論を入れ込むためだけのコントローラではなく，ロボットシステムとして，システムを動かすために必要な制御装置すべてを指す．

　ロボット制御のためのコントローラは，基本的にディジタルでの信号処理が基本である．信号処理の過程として，センサなどからのアナログ信号を扱う必要はあるが，処理の大部分はディジタル処理である．複雑な制御演算をアナログ的に処理するのは非常に難しく，またアナログ回路でコントローラ全部を作ると回路のサイズが大きくなってしまう．小型化，軽量化，省電力化のためにもディジタル化が有利である．

　ただし，ディジタル化というのは，連続的な信号であるアナログ信号を，ある時間刻みで取り出す（サンプリングする）ものであり，図8・1に示すように，基本的にその信号のもつ情報量が減ることになる．コントローラにおいても，アナログコントローラのもつ利点がディジタル化することによって失われてしまう場合もあり，エンジニアはその両者の利点を見極めたうえでシステムを設計する必要がある．

　ここで，われわれの生活に身近な信号処理について考えてみよう．現在，一般家庭に普及している家電製品のなかで最も複雑なディジタル信号処理を行っているものの一つに DVD レコーダがある．一度試してみると面白いのだが，図8・2に示すように2台のテレビを用意し，一つのテレビには地上波放送の映像を直

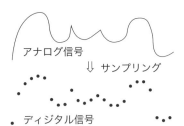

アナログ回路を用いてそのまま信号を処理した場合，情報量は多い

ディジタル化した場合，基本的に情報量は少なくなる

●図8・1　アナログとディジタル（情報量の差）

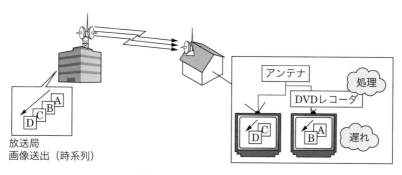

●図 8・2　放送映像の画像処理

接映し，もう一つのテレビには同じチャンネルを DVD レコーダのチューナを通して映してみる．この状態で二つのテレビの映像を見比べてみると，明らかに DVD レコーダを通した映像のほうが少し遅れているのがわかるだろう．機種にもよるが大体 0.2 秒から 0.4 秒くらい遅れる．その理由は簡単で，TV のチューナはアンテナからの信号を直接テレビに映しているのに対して，DVD レコーダはその内蔵チューナを通した後で DVD レコーダにディジタル録画できるような信号形式にしたものを画面に映しているからである．その信号処理の計算量の差によって，映るタイミングがずれるわけである．

　ここで大事なのは，DVD レコーダを通した映像が，たとえ 0.4 秒遅れて家庭で放映されたとしても，あまり問題にならないということである．1 秒以上遅れて放送されてしまうと，時報などで問題になるかもしれないが，1 秒以内の遅れであれば，普通の人が気になるようなことはない．視聴者は時間的に連続した映像が自分に提供されればよいのであって，放送局が映像を送り出すタイミングから少々ずれた映像を見ていたとしても問題にならないからである．

　一方，ロボットの場合はどうか．例えば図 8・3 のように，ロボットアームがガラスのコップを掴む状況を想定しよう．ロボットアームについているセンサがコップに触れた情報を制御コントローラに伝えてから，コントローラがそれに応じた力を出すまでに 0.4 秒かかったとすると，よほどゆっくりとガラスに触れ

Note

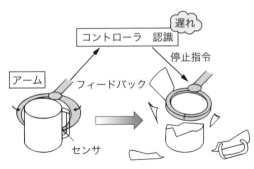

●図8・3　ロボットの制御時間遅れの影響

ようとしていない限り，たぶんロボットアームはコップを割ってしまうだろう．
この例からもわかるように，一般的にロボット制御には時間遅れが少なくなるよ
うに，高速な信号処理が必要となる．

　高度で複雑な動作や機能をロボットにもたせるには，さらに高速な信号処理が
要求されることになる．ロボット，メカトロニクスに携わるエンジニアや研究者
には，マイクロコンピュータなどのハードウェアの進化と，ソフトウェア開発環
境の進化の両方を適切に捉えながら，その時点における最適なコントローラを選
択し，活用することが求められる．なぜなら，計算機の性能の向上がそのまま作
ろうとしているメカトロニクスシステムの性能向上に直結することが往々にして
あるからである．そのためにも，常に半導体や情報関係の情報を捉えておくよう
努力する必要がある．

8.2　組込みマイコン

Embedded Micro-computer

❶　組込みマイコンの必要性

Need of Embedded Micro-computer

　計算機というと，われわれは通常キーボードとモニタが付いた，いわゆるパソ
コンを連想する．パソコンは汎用的な計算機であり，アプリケーションを変える
ことでさまざまな機能を実現できる．だからといってパソコンと同様な計算機シ

ステム構成を，身の回りの電化製品やメカトロニクス製品に組み込むのは適切でない．というのも，個々の電化製品の機能は，汎化よりは特化したものが大半であり，それぞれに求められる機能のみを実現するように計算機システムをカスタマイズしたほうが，コストなどの点で有利だからである．このような目的で，機能やシステム構成を特化した，比較的規模の小さい計算機が，**組込みマイコン**である．

　組込みマイコンはメカトロニクスシステムを含む，電化製品の隠れた心臓部である．例えば，冷蔵庫にも組込みマイコンは搭載されているし，逆に組込みマイコンがなければ，現在の多機能な温度制御をもった冷蔵庫は実現できない．他の家電製品，例えば炊飯器，掃除機，電子レンジ，洗濯機，アイロン，電子ミシン，エアコン，扇風機，テレビ，ビデオ，DVD レコーダ，デジタルカメラ，携帯電話など，あげればきりがない．どれ一つとっても，組込みマイコンなしには動かないものばかりである（図8·4）．

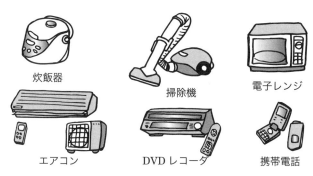

炊飯器

掃除機

電子レンジ

エアコン

DVD レコーダ

携帯電話

●図8·4　組込みマイコンが入っている家電製品

　図8·5に組込みマイコンの一例を示す．左図は携帯電話の内部基板である．機能は多いが無線通信に特化した組込みマイコンの例である．右図は製品向けの組込みマイコンのプログラムの開発などに使われる評価用ボードである．開発段階で使用されることが多いため，製品版よりは汎化されており柔軟なシステム構成であるが，これも組込みマイコンの一種である．このように，組込みマイコン

Note

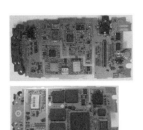

●図8・5　組込みマイコンの例
左：携帯電話のコントローラボード
（左上―表面―インタフェース回路，左下：裏面―コントローラ部）
右：FPGA[†1]評価ボード（Intel Stratix）

の種類は非常に多岐にわたり，コスト的にも数百円のものから，数百万円するものまで千差万別である．

2 組込みマイコンのソフトウェア

Software for Embedded Micro-computer

　組込みマイコンのソフトウェアはどうやって開発するのか．これは，パソコンの場合と比べて説明が難しい．そこで理解のために，まずパソコンの場合のソフトウェア開発環境について説明しよう．

　パソコンの場合は，5章で見たように低級開発言語としてアセンブラがあり，その上位に高級開発言語としてさまざまな言語がある．C言語やC++，古くはFORTRANやBASIC，インターネットベースのJava，インタプリタとしてのAWKやPerl，データベース言語としてのSQLなど，最終的に開発するアプリケーションの種類に応じて，上記のような各種の開発言語を使い分ける．しかし，いずれのアプリケーションもパソコンやワークステーション上で開発され，開発環境と同じマシン環境でアプリケーションも実行されるのが基本である．自分がもっているパソコンに開発環境をインストールすれば，誰でもアプリケーションの開発ができ，かつ実行することができる．また，わからないことがあっても関連書籍は充実しており，ほかにもインターネットなどで調べたり人に聞いたりと，比較的情報が得やすい．

　一方，組込みマイコンの開発環境はどうか．まず，組込みマイコン自体の種類

が千差万別で，メーカごとにハードウェアが違う．OS がある場合もない場合もあり，開発環境もメーカごとに違う．また，開発環境自体が企業機密に関連する場合が多く，一般には情報が提示されていない．ターゲットになる組込みマイコンシステムも開発者しか扱えず，一般の人が手に入れることができない．そのため，組込みマイコンの開発ノウハウは企業ごとに培われたものが多く，基本的に社外秘となっている．

さらに，最終的に製品に納まる組込みマイコンと，そのアプリケーションを開発する計算機開発環境は別々である．アプリケーションのプログラムを作成し，コンパイルなどして組込みマイコン専用の実行コードに変換した後，そのコードを組込みマイコンにアップロードして動作を検証する．組込みマイコンの開発環境のソフトウェアとしては，アセンブラと C 言語または C++ との組合せが一番オーソドックスであろう．インターネット関連の製品の開発の場合は Java を用いることが多い．また，品質管理やメンテナンスの面から，ソースコードをテキストベースで開発するのではなく，CAD ベースで開発する環境を整えている企業もある．

以上のように，具体的な開発環境は企業ごとにまったく異なるし，同じ企業内でもターゲットシステムが異なると，さらに開発環境が異なる場合もある．したがって，この分野でシステム開発を行うには高いスキルが要求される．

8.3 実時間制御
Realtime Control

1 実時間処理
Realtime Processing

"実時間処理" という用語は，「時間遅れなく，いろいろな処理を行う」というのが言葉どおりの意味である．ロボット・メカトロニクスの分野で，実時間処理というと，この**時間遅れ**という言葉の意味合いが極めて重要になってくる．図8・3

Note

†1　Field Programmable Gate Array．ユーザ側で書き換え可能なロジック IC．

のコップ掴みの例で示したように，まずセンサからの情報伝達に遅延があると，制御計算では計算処理が行われる時刻よりも古い情報に基づいて計算してしまうために，計算結果が現時刻の状態にそぐわないものとなる．また，制御計算に基づく指令値がアクチュエータに伝達されるのが遅れても，同様に不具合が生じる．コンピュータの計算速度は速いからそのような遅延はないだろうと人間の感覚で判断しても，メカトロニクスの世界ではミリ秒やマイクロ秒オーダの極めて短い時刻での処理が要求される．そして，計算機自体が処理しなくてはならないプログラムの量が増加すれば遅延の危険性は高まる．したがって，実時間の管理が極めて重要である．

　特に，環境という予測不可能な因子が存在する空間でロボットを動作させるときには，実時間制御が堅牢にできていなければ危険極まりない．従来ロボットといえば，大半は工場で働く産業用ロボットのことであり，その動作環境は人間がロボットに近づくことを制限された非常に特殊な空間であった．逆にいうと，ロボットの動作を邪魔する「外乱」を排除した，ロボットにとって安全な環境のなかで，ロボットは使われてきた．しかし，これからのロボット制御は外部環境といかに協調して制御を行うかということに視点が推移している．福祉ロボットやペットロボットがその好例であろう．これらのロボットは，人間が生活する環境のなかに置かれることが前提であり，人間に危害を加えることは許されない．人間という機械にとって予測不可能な要素（ファクタ）がある環境に，実時間で対応できなくてはならない．

② リアルタイム OS

Realtime Operating System

　"実時間制御"が要求される分野で用いられている，計算機オペレーティングシステム（Operating System：OS）を総称して，**リアルタイム OS** と呼ぶ．主なものとして，μトロン，Vx-Works，RT-Linux，ART Linux，Windows CE などがある．リアルタイム OS が他の一般の OS と大きく異なるのは，"実時間動作保証"が厳密になされていることである．勘違いしてはならないのは，「実時間動作保証＝高速計算」ではないということであり，"実時間動作"の限界値を必ずシステムコントローラが保証できるという意味である．

　リアルタイム OS には，動作時間を管理・制御する機能が含まれており，制御計算処理のための仕事の塊（**タスク**や**プロセス**と呼ばれる）が，厳密に決められた時間枠内で終了したかどうかを逐次監視している．つまり，仕事に一定時間ごとに決められた細かい締切りを作り，その締切りごとに途中段階の作業が予定通り終わったかどうかを監視する．リアルタイム OS には実時間制御のための特別な機能があり，主に，仕事を分割して計算処理するためのマルチタスク，時間監視のためのウォッチドッグタイマ，各タスクへ計算開始や終了の同期をとるためのセマフォやキューなどがある．

③ リアルタイム制御用プロセッサ

Processors for Realtime Computation

　実時間制御を実現するため，プロセッサの適切な選択は重要である．半導体技術の進歩のおかげで非常に多くの選択肢があり，性格別に大きく分けて，CPU[†2]，DSP[†3]，ASIC[†4]，FPGA などがある．以下にそれぞれの特徴を**表8・11**に示す．

■表8・1　各種プロセッサの特徴

プロセッサ	長　所	短　所
CPU	汎用性高い．演算速度は普通	実行速度は遅い．特定用途への対応困難．書換え不可
DSP	汎用性高い．演算速度速い	書換え不可
ASIC	特定用途，高速計算可能	汎用性なし，書換え不可
FPGA	特定用途，高速計算可能．汎用性高い	コスト
SoC	特定用途，高速演算可能	書換え不可
SoC-FPGA	汎用性高い，高速計算可能	書換え可能

1. CPU（中央演算処理装置）

　CPU は，プロセッサ一つでコンピュータシステムを構築できる能力をもつ IC である．一般に使われるパソコン用のプロセッサには CPU が使われる．主なものとしてインテル社の Pentium や CoreDuo，Core，Atom，古くは 8086，

Note

† 2　Central Processing Unit
† 3　Digital Signal Processor
† 4　Application Specific Integrated Circuit

| 4004 | 8008 | 8086 | 80286 | 80386 |

| 80486 | Pentium | Pentium Pro | Celeron |

| Pentium Ⅲ | Pentium 4 | Pentium Ⅲ Xeon | Xeon | 5世代 Coreファミリー | Core X |

●図8・6　さまざまなCPU

写真提供：インテル

80286，80386，80486，モトローラ社の68000シリーズ，IBM の PowerPC などがあげられる（図8・6）．CPUの詳細については5章を参照されたい．

2. DSP（ディジタルシグナルプロセッサ）

　DSP は，CPU と比較して，信号処理の演算処理能力を向上させることに特化したプロセッサである．CPU との一番の違いは，乗算演算を基本的に1クロックで処理できるようにプロセッサを設計してあり，多量の演算処理を行うような場合に威力を発揮する(CPU の場合は，汎用的な処理をすべて実装しているため，乗算などの演算処理能力を犠牲にしている部分がある)．DSP はもともと，音声処理や画像処理を目的に発展してきたプロセッサであるが，その演算能力の高さからロボット・メカトロニクス制御の分野でも広く使われている．

　DSP は強力な演算能力をもっているが，あくまでソフトウェアによって動作するプロセッサである．ソフトウェアで動作するということは，演算を順番に処理してゆくわけで，いかに強力な演算能力をもっていたとして

●図8・7　DSP

（Texas Instruments 社）

も，プログラムの演算量が増えれば演算時間も増加していく．したがって，DSP 製品の最終的な性能は，そのプログラムに起因するところが大きい．

3.　ASIC

　ASIC は特定用途向けに製造された IC を指す．認知度の高い ASIC の例とし
ては，パソコン用のグラフィックアクセラレータがある．CPU は汎用的なデー
タ処理をまんべんなく組み込んだうえで，処理速度向上を目指して設計されてい
るが，グラフィックアクセラレータという ASIC は，画像データを高速に処理す
ることを追求して設計された IC である．専用設計することから，その処理速度は，
各メーカの技術，チップサイズ（回路規模），クロックなどの違いによってかな
り異なる．

　また，ASIC は設計したマスクをもとに製造されるため，多品種少数使用され
る場合には向かないが，大量生産に向いている．家電製品は何万個単位で製造さ
れるため，特定機能を ASIC 化することで小型化，低消費電力化，低価格化が実
現できた例は多い．

4.　FPGA

　FPGA は大規模な回路をユーザ側で書き込むこと
が可能な IC である．素子としては小さな論理ブロッ
クが多数配列された構造をしており，ソフトウェアに
よってそれらの論理ブロックの結線を自由に組み替
え，カスタマイズされた回路を構成する．その回路は，
ASIC の場合と同様にハードウェアとして動作するた
め，非常に高速に処理を実行できる．回路情報は，

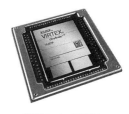

●図 8・8　FPGA
（Xiliux）

HDL[†5] と呼ばれる高級言語によりプログラムとして作成し，コンパイルして生
成するため，ソフトウェア開発のように非常に柔軟に回路設計を行うことができ
る．このため，多品種少数の IC を用いたい場合に非常に効果的である．電源投
入時に回路情報を FPGA にダウンロードして回路を構築する方法が主である．

　FPGA 技術の急速な発展により，従来の DSP を用いたコントローラでは実現
し得なかった制御手法が実現可能となってきている．CPU や DSP によるコント
ローラを"ソフトウェアコントローラ"と呼ぶとすれば，FPGA を用いたコン

Note

†5　Hardware Description Language.　回路構成を記述するための高級言語．

トローラは，"ハードウェアコントローラ"と呼ぶことができる．

5. システムオンチップ（SoC, System-on-a-Chip）

従来の CPU やワンチップマイコンに対して，半導体技術の向上により，集積度が上がったこと，開発環境の進化により，複数の機能回路を 1 チップに組み込むことができるようになったことで，ユーザの要求に合わせた専用回路をマイクロコントローラと一体とすることが可能となった．

これにより，特定の用途に特化した高機能プロセッサが実現されている．わかりやすいところでは，スマートフォンなどで使われているプロセッサでは，一般の演算ロジックに加えて，画像処理プロセッサ（Graphics Prosessing Unit：GPU），AI プロセッサなどを組み込み，非常に高速な演算能力を備えながら，低消費電力を実現している．

またターゲットとなる製造台数が多いため，大量生産により非常に安価なデバイスが実現されている．演算能力的に汎用 CPU をはるかに凌駕するデバイスも出てきている．

6. SoC-FPGA

FPGA チップと CPU コアを合体させたデバイスであり，CPU と FPGA のメリットを両立させている．CPU コアには ARM Core などの汎用 CPU ロジックが載っており，従来の CPU と同様のソフトウェアを動かすことができると同時に，FPGA 部にユーザがカスタマイズした回路を組み込むことができるため高性能な組込み型のコントローラとして，非常に強力なコントロールシステムを実現することができる．

④ 組込みコントローラのシステム化

Formulation as a System Using Embedded Controller

これまで紹介した IC は単体では使えず，複数の IC と組み合わせてコントローラシステムとして機能する．以下に主なシステム構成を紹介する．

1. CPU ベース

一番オーソドックスな構成である（図 8・9）．CPU が A/D（Analog/Digital，アナログ-ディジタルポート），D/A（Digital/Analog，ディジタル-アナログポート），I/O（Input/Output，入出力ポート）などのインタフェースを管理し，

さらにはソフトウェアの実行まで行う．そのため，CPU の負荷は大きく，高速な動作は期待できない．しかし，コストを抑えることができるため，高速処理が要求されないシステムでは一番広く用いられている．

2. CPU＋DSP ベース

CPU と DSP を組み合わせ，実行速度をあまり要求されないシーケンス制御や通信制御は CPU に担当させ，モーション制御などの高速計算が必要な処理を DSP に担当させる方式である（図8・10）．処理レベルで，プロセッサの役割を分担するため，ソフトウェアのシステム構成を簡素化できる利点がある．ロボット制御では，処理要求の多い上位コントローラに多く用いられているシステム構成である．

3. FPGA ベース

CPU や DSP を用いず，すべての制御演算を FPGA に組み込む方式である（図8・11）．CPU や DSP の IP コア（回路の構成情報）と組み合わせることで，1チップコントローラ化でき，次世代のシステム構成として有望である．

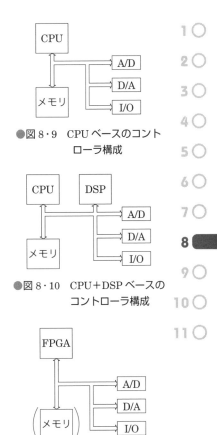

●図8・9 CPU ベースのコントローラ構成

●図8・10 CPU＋DSP ベースのコントローラ構成

●図8・11 FPGA ベースのコントローラ構成

現時点では，民生品に適用するにはまだコスト面で問題があるが，半導体技術の進歩により年々コストも低下してきている．

4. SoC-FPGA ベース

FPGA ベースのバリエーションとして，SoC-FPGA で構成する方式であり，システム構成は FPGA ベースと同様となる．

CPU コアと FPGA がワンチップに入っているために，汎用ソフトウェアや通

Note

信ソフトウェア，シーケンス制御などを CPU 部に実装し，ユーザがカスタマイズした高速動作が要求されるようなコントロールシステムを FPGA 部に実装することにより，非常に柔軟な制御システム構築可能である．今後このチップを使ったコントローラが主流になる可能性がある．

⑤ バイラテラル制御と制御演算時間

Bilateral Control and the Operation Time

　ロボット分野のキーワードの一つに，**バイラテラル制御**という言葉がある．これは，2 台のロボットにおいて，人間が操作するロボット（**マスタ**と呼ぶ）と，遠隔操作されるロボット（**スレーブ**と呼ぶ）との間で，双方のロボットの姿勢と力の状態を一致させるように制御することによって，マスタからスレーブへの姿勢制御と，スレーブからマスタへの力制御を同時に行う制御方法である．人間がマスタを操作したとき，スレーブが対象物に触れたとすると，その反力がマスタに再現される．これにより人間はロボットが触っている物体の感触を得ることができ，操作の臨場感が増す．このようなバイラテラル制御をもとにして，遠隔手術ロボットなどへの応用研究が進められている（図 8・12）．

　バイラテラル制御では，マスター-スレーブ間の通信遅れが問題になる．その理由は，前述のコップ掴みの例（図 8・3）からも容易に推測できよう．通信遅れによる諸問題を解決する理論は数多く研究され，実用化されているものもある．しかし，一説によると，バイラテラル制御で操作者に違和感を与えないためには，制御遅れをマイクロ秒オーダにまで小さくする必要があるといわれている．この

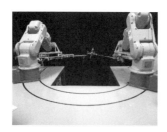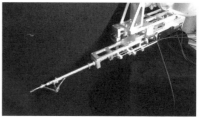

●図 8・12　バイラテラルシステム（遠隔手術用多自由度鉗子ロボット）
（ハプティクス機能をもつエンドエフェクタによる軟らかい運動の実現）

写真提供：慶應義塾大学大西公平氏

ような高速演算を実現するには，CPUやDSPにソフトウェアを実装する現在主流の方式だけでは難しく，FPGAのようにハードウェア的に演算処理を実行するコントローラが必要不可欠だろう．

今後の制御系開発環境の発展性としては，上記のマスタースレーブシステムの研究で垣間見られるように，ソフトウェアとハードウェアの垣根を意識せず，両方の特性を活かしたシステム開発環境が求められる．

8.4 制御器のシステム化
System Integration of Controller

1 制御システムの階層性
Configurationality in Control System

エレベータを例題に，システムの**階層性**を考えてみよう．エレベータシステムは制御的に三つに分けられる（図 8·13）．

一つ目の階層はエレベータの運行制御である．高層ビルには，通常複数台のエ

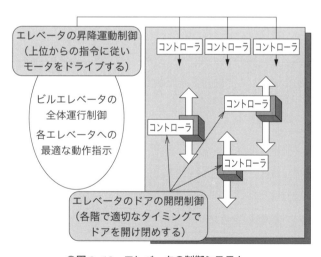

●図 8·13　エレベータの制御システム

レベータが備えられており，各フロアからの呼出し要求に応じて各々のエレベータの停止階を決め，全体を協調させて運行させる．このとき，すべての利用客の待ち時間をいかに短くできるかが重要であり，この出来栄えによってエレベータの印象がかなり変わる．このような制御は**群制御**と呼ばれ，最適化制御の一種である．エレベータの制御システムとしては最上位の階層にあたる．

二番目の階層は乗用かごの昇降運動の制御である．かごの昇降は大体，屋上に設置されたモータによって行われ，モータはインバータ装置で駆動される．エレベータ用モータの容量は大きいもので 1 MW にもなり，非常に大容量である．かごは釣合い重りとワイヤロープでつながっており，その間のワイヤロープを動滑車の要領でモータにより巻き取ることで，かごは上下に昇降する．建物の高さにもよるが，ロープは長くなるためバネのようになり，かごは上下に揺れやすい．そのため，モータは適切に駆動しないと，振動が発生してエレベータの乗り心地が悪化してしまう．このような大容量駆動と振動抑制という拮抗する要求を同時に満たすように，モータドライブ用の組込みマイコンが開発され，高度なモータのモーションコントロールが実現されている．

三つ目の階層は，かご部分のシステム制御である．エレベータの制御はかごの昇降だけでなく，各階でのドアの開閉もある．この制御にも，専用の組込みマイコンが用いられ，ドアが適切な速度パターンで動くように制御している．全体のシステムから見ると，「ドアの開け閉めを行う機能」をもつ一つのモジュールとして機能している．

このように，エレベータシステム一つとってみても，複数の制御系があり，かつそれぞれが階層化されていることがわかるだろう．システムエンジニアは初期の設計段階において，システムの階層の切分けと，各階層への機能分担を明確にする必要がある．

❷ ロボットの制御システム

Control System for Robot

ロボットも高機能化するに従い，その制御器をどのように階層化して，システムを構成すべきかが重要になってくる．従来は，コントローラ装置も高価で，大きく重く，ロボットシステムに分散して配置することが難しかった．そのため集

中制御が採用され，一つのコントローラがやらなければならない演算処理が非常に多く，高機能な動作を実現するための障壁であった．

このような状況に対して，半導体素子の高集積化，高クロック化，多機能化が進んだことにより，コントローラとして使用可能なプロセッサの選択肢が広がった．それらは従来に比べれば十分小型で安価なものである．そこで，1台のロボットに複数のプロセッサを使用し，機能を分散させてシステムを制御することが容易にできるようになってきている．具体的には，関節などの各部に配置されたアクチュエータは，それぞれが一つの機能モジュールとして分散的にコントローラが組み込まれ，上位制御器から各モジュール制御器へ指令値が送られて，各モジュール制御器は各関節を制御する．このような**分散制御**を実現することで，上位制御器はシステム全体の動きを統制することに集中でき，演算処理の負荷を減らせる．この際，各制御器間の通信も重要なポイントである．

Note

バイラテラル制御に基づいたメカトロニクス応用技術

　バイラテラル制御に基づいたメカトロニクス応用に関して，社会実装に向けて，盛んに研究が行われている．それらのいくつかの写真を図8・14～図8・17に紹介する．

(a) 　　　　　　　　　　(b) 　　　　　　　　　　(c)

●図8・14　書道ロボット（(a) 有段者の筆運びを再現するロボット，(b) 有段者の揮毫き ごう，(c) ロボットにより再現された揮毫）　　　　　写真提供：慶應義塾大学桂研究室

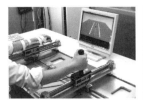

(a) 　　　　　　　　　　(b) 　　　　　　　　　　(c)

●図8・15　(a) バイラテラルリハビリロボット，(b) バイラテラル指ロボット，(c) マスタ・スレーブ一体型ロボット鑷子せっし　　　　　写真提供：横浜国立大学下野研究室

●図8・16　バイラテラルアバターロボット
写真提供：慶應義塾大学野崎研究室

●図8・17　バイラテラルギヤ＋モータ
写真提供：横浜国立大学藤本研究室

理解度 **Check**

☐ ロボット制御はディジタル制御が基本となる.

☐ ディジタルとアナログの特性の違いを理解する必要がある.

☐ 実時間性が必要とされるシステムと,そうでないシステムとがある.

☐ 組込みマイコンは,ありとあらゆる電子機器,家電製品に組み込まれている.

☐ 組込みマイコンのソフトウェアは,ターゲットになるハードウェアが千差万別であるため,さまざまな開発環境がある.

☐ リアルタイム OS には,μ トロン,Vx-Works,RT-Linux,ART Linux,Windows CE などがある.

☐ リアルタイム OS では,「実時間動作保証」をどう実装して,実現するかが重要となる.

☐ リアルタイム制御を実現するための,コントローラのプロセッサとして,主に CPU,DSP,ASIC,FPGA が用いられる.

☐ CPU は汎用的な処理一般に適している.

☐ DSP は高速信号処理演算に適している.

☐ ASIC は特定用途専用の処理に適しているが,汎用性は低い.

☐ FPGA はハードウェア回路として,回路をユーザ側で書き込めるため,柔軟性が高い.演算も高速であるが,開発環境やコストの面で発展途上である.

☐ コントローラの構成として,CPU ベース,DSP ベース,CPU+DSP ベース,DSP+FPGA ベース,FPGA ベースが考えられる.

☐ ロボット制御システムとしては,上位制御装置と分割された機能モジュールで構成される場合が多くなる.

Training　演習問題 ●●●●

1 ディジタル制御とアナログ制御のそれぞれのメリット，デメリットを説明せよ．

2 電子炊飯器において，そのなかにある組込みコントローラがどのような処理を行っているかを考察せよ．

3 バイラテラル制御における時間応答性に関して，システムの各部での時間遅れがシステム全体に対してどのような影響を与えるかを考察せよ．

4 CPU，DSP，ASIC，FPGA それぞれにおいて，動作クロックが同一の場合に，同じ演算処理に対して動作速度にどのような違いが現れるか考察せよ．

5 ハイブリッド自動車がどのようなシステム階層性をもっているか考察せよ．

解　析

学習のPoint

　メカトロニクスシステムを安全かつ円滑に運用するには，絶えずシステム全体を監視して，故障や異常の発生を検知し，原因を特定・対処する必要がある．この技術を診断技術という．システムの安全運用のためには，(1) 故障・異常の検知，(2) 原因の特定，(3) システムの予測，(4) 対策，といった一連の手順を踏むことが必要となる．

　本章では，種々の物理量（機械的な信号や電気的な信号，音，熱など）から必要な情報を抽出する信号解析法を中心に，メカトロニクスシステムの診断技術について学習する．

9.1 信号からの情報抽出

Information Extraction from Signal

メカトロニクスシステム内に故障が生じたとすると，正常時とは異なる物理現象が発生する．それにより，信号に変化が生じる．メカトロニクスシステムの診断を行うには，信号の変化を検知し，因果関係からその原因となる物理現象を特定していくことが必要となる．メカトロニクスシステムの異常は，機械部品の損傷，電子部品などの劣化，制御アルゴリズムの不適合，経年変化などがある．システムの異常は，機械的振動や騒音として現れることが多く，振動や音から故障の兆候を検知し，故障部位や原因を追及することが求められる．

では，信号からどのような情報を抽出したらよいのか．また，どのように解析したらよいのだろうか．信号から情報を抽出する信号解析法は，信号の性質によって使い分ける必要があり，信号解析の観点から信号を分類すると次のようになる．

　　・周期信号 ⇔ 非周期信号
　　・確定信号 ⇔ 不規則信号
　　・定常信号 ⇔ 非定常信号

同じような挙動パターンを繰り返す信号を**周期信号**といい，1パターンに要する時間を**周期**という．**非周期信号**とは典型的な繰返しパターンが認められない信号のことである．**確定信号**とは正弦波のように時間関数として記述できる信号のことであり，ランダムな不確定要素を含んだ信号を**不規則信号**という．時間経過とともに信号発生のメカニズムが変化しない信号を**定常信号**，特性が変化していく信号を**非定常信号**と呼んでいる．

メカトロニクスシステムにおいては，多かれ少なかれ不規則信号を含み，回転系からの信号は周期性が強い場合が多いが，非周期信号の取扱いも必要となる．例えば，回転軸に傷がついた場合などは，その回転数に見合った周期の信号成分が発生する．この周期を検出することによって，発生原因を特定することが可能となる．このように，信号からの情報抽出では故障に起因する信号変化を捉えることが重要であり，原信号を周期的な成分に分解する**周波数解析**が有力な方法である．

9.2 信号解析

Signal Analysis

1 周期信号と正弦波

Periodic Signal and Sine Wave

ここでは時間とともに変化する信号を考える．時間を表す変数を t とすると信号は t の関数 $x(t)$ として表現することができる．周期を $2T$ とすると周期信号は

$$x(t) = x(t+2T) \tag{9・1}$$

と表すことができる．図 9・1 に示すように，一つの波形パターンの時間的長さが $2T$ であり，それが繰り返されている信号である．

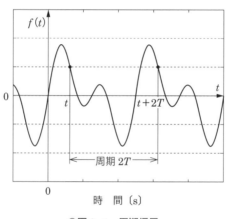

●図 9・1 周期信号

さて，周期信号の代表的な信号に**正弦波**がある．正弦波は次式で表せる．

$$x(t) = A \sin(\omega t + \theta) \tag{9・2}$$

ここで，A を**振幅**，ω を**角周波数**，θ を**位相**という．図 9・2 に式 (9・2) で表される正弦波を示す．同じパターンが繰り返されているのがわかる．sin 関数の周期は 2π なので，正弦波の周期は $2\pi/\omega$ となる．正弦波はこれらの値が決まると一意に決定するので，振幅，角周波数，位相は正弦波を特定するための情報であ

Note

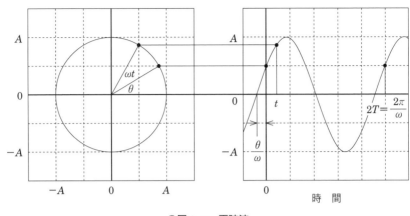

●図9・2　正弦波

るといえる．振幅 A は波のもつエネルギーに相当し，角周波数 ω〔rad/s〕は波の変動の速さを，位相 θ は波の時間軸に関するずれを表している．正弦波と同様な波形に余弦波があり，位相を $\pi/2$ ずらすことにより正弦波で表すことができる．

　正弦波は，角速度が ω の等速円運動に対応づけて解釈することができる．図9・2のように，半径 A の円周上を $t=0$ のときに，中心角から反時計回りに角速度 ω で回転する動点を考える．時刻 t のときの動点の縦軸への射影は $A\sin(\omega t+\theta)$ であり正弦波となる．動点は $t=2\pi/\omega$ で元の位置に戻り，これが周期 $2\pi/\omega$ に相当する．単位時間に動点が回転する回数は $f=\omega/2\pi$ と表すことができる．f を**周波数**といい，単位はヘルツ〔Hz〕を用いる．高周波数，すなわち f が大きい場合，動点の動きは速く，正弦波も速い変化を表す．それに対し，低周波数の場合，ゆっくりとした動きを示すことになる．この円運動の動点の位置は，複素平面上の複素数 $Ae^{j(\omega t+\theta)}$ に相当する．j を虚数単位とすると

$$Ae^{j(\omega t+\theta)}=A\cos(\omega t+\theta)+jA\sin(\omega t+\theta) \tag{9・3}$$

なる関係がある．正弦波は振動や騒音の周波数解析における基礎となるので，十分に理解してほしい．

2　フーリエ級数展開

Fourier Series Expansion

　ある信号を，異なる周波数の正弦波に分解して表すことができれば，それぞれ

の周波数の正弦波の振幅などによって, 元の信号の特徴を示すことができそうである. 例えば, モータの回転音の聞き分けにおいて, 「1 kHz の周波数成分が多い場合は正常運転であるが, それより高い周波数成分が増えてきたら危険である」などというようにである. 信号周波数を定量的に示すことで, 具体的な故障・異常判断が可能となる.

周期信号を周波数成分に分解することは, フーリエ級数展開に基づいて考えることができる. **フーリエ級数展開**とは, 「周期が $2T$ の周期信号は, 角周波数が $\omega_0 = \dfrac{2\pi}{2T}$ (周波数が $f_0 = \dfrac{1}{2T} = \dfrac{\omega_0}{2\pi}$) の整数倍の正弦波の和によって表すことができる」ことである. 信号 $x(t)$ を周期 $2T$ の周期信号 $x(t) = x(t+2T)$ とし, 1周期分の信号のエネルギーが有界の場合, すなわち $\displaystyle\int_{-T}^{T} x^2(t)dt < \infty$ のとき

$$x(t) = \frac{a_0}{2} + \sum_{n=1}^{\infty} \{a_n \cos(n\omega_0 t) + b_n \sin(n\omega_0 t)\} \tag{9・4}$$

と級数展開することができる. 式 (9・4) の右辺を周期信号 $x(t)$ のフーリエ級数展開という. また, 用語として, ω_0 を**基本角周波数**, 係数 $\{a_i ; i=0, 1, 2, \cdots, b_j ; j=1, 2, 3, \cdots\}$ を**フーリエ係数**といい, $\{\cos(n\omega_0 t), \sin(n\omega_0 t) ; n=0, 1, 2, \cdots\}$ を**基底関数系**という. この基底関数は次式で示す性質を有する.

$$
\begin{aligned}
&\int_{-T}^{T} \cos(n\omega_0 t)dt = 0, \quad \int_{-T}^{T} \sin(n\omega_0 t)dt = 0 \\
&\int_{-T}^{T} \cos(n\omega_0 t) \cdot \cos(m\omega_0 t)dt = \begin{cases} 0 & (n \neq m) \\ T & (n = m) \end{cases} \\
&\int_{-T}^{T} \sin(n\omega_0 t) \cdot \sin(m\omega_0 t)dt = \begin{cases} 0 & (n \neq m) \\ T & (n = m) \end{cases} \\
&\int_{-T}^{T} \cos(n\omega_0 t) \cdot \sin(m\omega_0 t)dt = 0
\end{aligned}
\tag{9・5}
$$

このとき, 関数系 $\{\cos(n\omega_0 t), \sin(n\omega_0 t) ; n=0, 1, 2, \cdots\}$ は互いに**直交する**といい, $\{\cos(n\omega_0 t), \sin(n\omega_0 t) ; n=0, 1, 2, \cdots\}$ は**直交基底関数系**となる. フーリエ級数展開は, 周期信号が直交基底関数系を要素としてその加重和で表されること

Note

を意味する．これより，周期信号 $x(t)$ は基本角周波数 ω_0 とフーリエ係数 $\{a_n, b_n\}$ で記述可能であることがわかる．

フーリエ係数は，基底関数系の直交性を利用して次式で求めることができる．

$$a_0 = \frac{1}{T}\int_{-T}^{T} x(t)\,dt$$

$$a_n = \frac{1}{T}\int_{-T}^{T} x(t)\,\cos(n\omega_0 t)\,dt \quad (n=1, 2, 3, \cdots) \tag{9·6}$$

$$b_n = \frac{1}{T}\int_{-T}^{T} x(t)\,\sin(n\omega_0 t)\,dt \quad (n=1, 2, 3, \cdots)$$

フーリエ級数展開の式 (9·4) を次のように書き換えると，周波数成分の振幅，位相がわかりやすくなる．

$$x(t) = A_0 + \sum_{n=1}^{\infty} A_n \sin(n\omega_0 t + \theta_n) \tag{9·7}$$

ここで

$$A_0 = \frac{a_0}{2}, \quad A_n = \sqrt{a_n{}^2 + b_n{}^2}, \quad \theta_n = \tan^{-1}\frac{a_n}{b_n} \tag{9·8}$$

である．周期信号 $x(t)$ を角周波数が $n\omega_0 (n=1, 2, \cdots)$ の正弦波成分に分解したと解釈すると，A_0 は $x(t)$ の直流成分を，A_n, θ_n は分解要素である角周波数が $n\omega_0$ の正弦波成分の振幅と位相を示している．そこで，$\{A_n ; n=0, 1, 2, 3, \cdots\}$ を**振幅スペクトル**，$\{\theta_n ; n=1, 2, 3, \cdots\}$ を**位相スペクトル**という．このように，フーリエ級数展開することで，信号のスペクトルが周波数領域においてどの周波数に分布しているのかを知ることができる．

周波数成分については，周期信号 $x(t)$ の周期と同一周期をもつ角周波数 ω_0 の正弦波成分を**基本波成分**，n 倍の $n\omega_0$ の周波数の正弦波成分を**第 n 高調波成分**という．また信号のエネルギーに関して次式が成立する．

$$\frac{1}{2T}\int_{-T}^{T} x^2(t)\,dt = \sum_{n=0}^{\infty} A_n{}^2 \tag{9·9}$$

図9·3 に一例として，周期信号の一つであるパルス列（同図1段目）と，それをフーリエ級数展開したときの直流成分（同図2段目），基本波成分（同図3

段目），各高調波成分（同図4，5段目）を示す．図9・4は図9・3の2段目から5段目に示した周波数成分を合成した信号を示す．多くの周波数成分が足し合わ

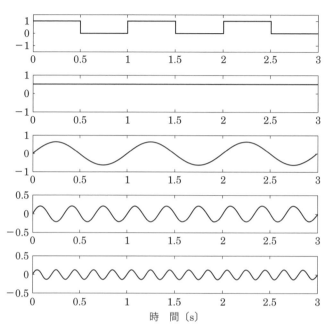

●図9・3　パルス波のフーリエ級数展開

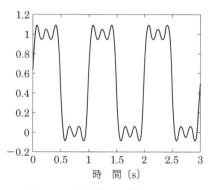

●図9・4　基本波，高調波の合成波

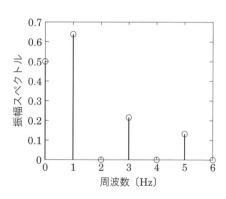

●図9・5　振幅スペクトル

Note

されて元の周期信号が復元されている様子がわかる．図9・5に周波数に対する
振幅スペクトルを示す．周期信号の場合，スペクトルは基本周波数の整数倍の周
波数成分のみ存在するのが特徴である．

　また別の例として，図9・6に複雑な動きを示す周期信号（同図（a））と，その
振幅スペクトル（同図（b））を示す．時間領域では特徴を捉えることは難しいが，
周波数領域ではどの成分が強いのかが明確になる．このことからシステムに生じ
ている現象を捉えて診断することが可能となる．

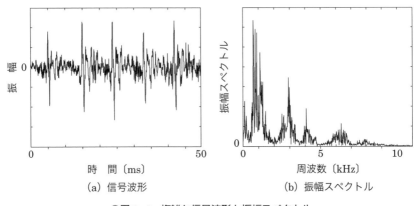

(a) 信号波形 　　　　　(b) 振幅スペクトル

●図9・6　複雑な信号波形と振幅スペクトル

これまでフーリエ級数展開を正弦波に基づいて考えてきたが，オイラーの公式

$$e^{j\omega t}=\cos \omega t+j \sin \omega t$$

を用いると，フーリエ級数展開は次式で表すこともできる．

$$x(t)=\frac{1}{2\pi}\sum_{n=-\infty}^{\infty} X_n e^{jn\omega_0 t}$$

$$X_n=\omega_0\int_{-T}^{T}x(t)e^{-jn\omega_0 t}dt \quad (n=0, \pm1, \pm2, \cdots)$$

$$(9 \cdot 10)$$

　上式を**複素フーリエ級数展開**という．スペクトル X_n（輝線スペクトルともいう）
は複素数となり，フーリエ係数とは次の関係が成立する（ただし $b_0=0$）．

$$X_n=\pi(a_n-jb_n), \ X_{-n}=\pi(a_n+jb_n) \quad (n\geq0)$$

$$(9 \cdot 11)$$

実数であるフーリエ係数と，複素数であるスペクトルが，式 (9・11) に示す関係にあることは，周期信号から非周期信号へフーリエ級数展開を拡張するときや，実信号にディジタル処理を適用する際に非常に重要である．フーリエ級数展開をディジタル処理アルゴリズムで実装した測定器として，**FFT**（Fast Fourier Transform）アナライザが広く利用されている．

③ フーリエ変換

Fourier Transformation

周期信号の周波数解析にはフーリエ級数展開に基づく解析が有効であるが，騒音など非周期信号も多くある．このような場合，非周期信号を周期信号において周期 $2T$ が $2T \to \infty$ であるとしてフーリエ級数展開を拡張する．

解析対象である非周期信号 $x(t)$ が，$\int_{-\infty}^{\infty} x^2(t)dt < \infty$ を満たすものとする．式 (9・10) において $X_n = X(n\omega_0)\omega_0$，$2T \to \infty$ とすると次式が得られる．

$$x(t) = \frac{1}{2\pi}\int_{-\infty}^{\infty} X(j\omega)e^{j\omega t}d\omega \tag{9・12}$$

$$X(j\omega) = \int_{-\infty}^{\infty} x(t)e^{-j\omega t}dt \tag{9・13}$$

式 (9・13) を $x(t)$ の**フーリエ変換**といい，$X(j\omega)$ を**スペクトル密度**という．周期信号は基本周波数の整数倍の周波数にのみスペクトルを有していたのに対し（図9・5 など），非周期信号はすべての周波数にスペクトルが分布する．したがって，フーリエ変換による非周期信号の周波数解析では周波数に対するスペクトル密度が求められる．図9・7 に周期信号のスペクトルと非周期信号のスペクトルの関係を示す．周期信号のエネルギーに関する式 (9・9) も，非周期信号の場合には

$$\int_{-\infty}^{\infty} x^2(t)dt = \frac{1}{2\pi}\int_{-\infty}^{\infty} |X(j\omega)|^2 d\omega \tag{9・14}$$

となる．

ここで，時間領域での信号の特徴と，周波数領域での特徴との関係を考えてみる．まず，パルス波

Note

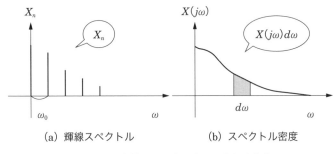

(a) 輝線スペクトル　　　　　(b) スペクトル密度

●図9・7　輝線スペクトルとスペクトル密度

$$x(t) = \begin{cases} 0 & (|t| > h) \\ \dfrac{1}{2h} & (|t| \leq h) \end{cases} \tag{9・15}$$

を考える．ここで h はパルス波の幅である．このパルス波をフーリエ変換すると

$$X(j\omega) = \frac{\sin \omega h}{\omega h} \tag{9・16}$$

を得る．図9・8にパルス波 $x(t)$ と，そのスペクトル密度 $X(j\omega)$ を示す．時間領域においてパルス幅が狭いとき，すなわち h が小さいとき（同図(a)），スペクトルは周波数領域において広範囲に分布する（同図(b)）．パルス幅が広い場合（同図(c)）にはその逆で，スペクトルは周波数領域の狭い範囲に分布する（同図(d)）．時間領域での信号の広がりと周波数領域でのスペクトルの広がりとには，それらの積は一定値以上となることが知られている．したがって，両領域での広がりをともに狭くする，または広くすることは原理上不可能である．信号の特性が時間経過に対して変化する非定常信号の解析においては，この拘束条件が問題となる．

　時間領域で，信号の周期性・不規則性を解析する特徴量に，**相関関数**がある．信号 $x(t)$ の自己相関関数 $\phi(\tau)$ とは

$$\phi(\tau) = \lim_{T \to \infty} \frac{1}{2T} \int_{-T}^{T} x(t)x(t-\tau)dt \tag{9・17}$$

で定義される．これは $x(t)$ と時間 τ だけずれた $x(t-\tau)$ の関係を見るもので，一般に信号の連続性から，τ が小さいとき $\phi(\tau)$ は大きな値をとり，τ が大きくなるに従い関係が弱くなるため $\phi(\tau)$ は小さくなる傾向がある．信号の不規則性

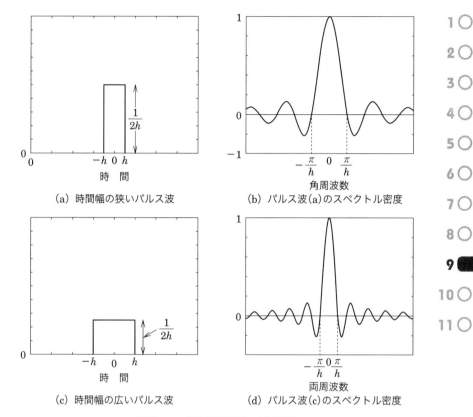

(a) 時間幅の狭いパルス波

(b) パルス波(a)のスペクトル密度

(c) 時間幅の広いパルス波

(d) パルス波(c)のスペクトル密度

●図 9·8 パルス波のフーリエ変換

が強い場合，$x(t)$ と $x(t-\tau)$ との関係は τ が小さくても無関係となり，$\phi(\tau)$ は急激に減少する（図 9·9(a)）．また，周期性が強い信号の場合，周期の整数倍にあたる τ における $\phi(\tau)$ が大きな値をとる（図 9·9(b)）．このようにして相関関数 $\phi(\tau)$ を求めることにより信号の不規則性，周期性を定量化できる．また，相関関数 $\phi(\tau)$ とスペクトル $X_T(j\omega)=\int_{-T}^{T}x(t)e^{-j\omega t}dt$ には

$$\phi(\tau)=\frac{1}{2\pi}\int_{-\infty}^{\infty}\lim_{T\to\infty}\frac{1}{2T}|X_T(j\omega)|^2 e^{j\omega\tau}d\omega \qquad (9\cdot18)$$

なる関係が成立する．なお，$\displaystyle\lim_{T\to\infty}\frac{1}{2T}|X_T(j\omega)|^2$ を**パワースペクトル**という．不規

Note

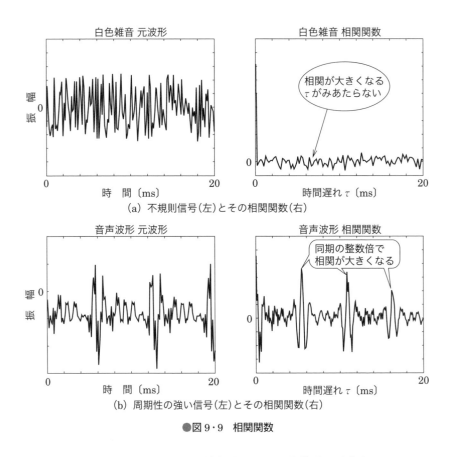

(a) 不規則信号(左)とその相関関数(右)

(b) 周期性の強い信号(左)とその相関関数(右)

●図9・9 相関関数

則性の強い信号のスペクトルは周波数領域において広帯域に分布する.

9.3 周波数解析の応用
Application of Frequency Analysis

　フーリエ級数展開,フーリエ変換による周波数解析は,信号の特性が時間経過とともに変化しない定常信号を対象としている.しかし,故障や劣化によりシステムの特性が時間とともに変化するような場合,信号は非定常信号となることがある.この場合,周波数解析においても,時間とともに周波数特性がどのように変化するかを捉えることが重要となる.

　非定常信号の解析法の一つに，**短時間フーリエ解析**がある．非定常信号を短い
フレームに分割し，各々のフレームにおいて信号は定常であるとしてフーリエ級
数展開，フーリエ変換を用いた周波数解析を施す．フレームの進行とともにスペ
クトル特性の時間変化を捉えようとする手法である．音声解析の分野で広く利用
されている．周波数解析は長い信号についてはその有効性が保証されているが，
短い信号についてはその限りではない．短時間フーリエ解析においては，短い信
号についてスペクトルを推定するため，この問題を考慮しなくてはならない．図
9・10 に短時間フーリエ解析の例として，音声信号に対するスペクトルの時間変

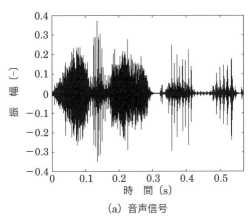

(a) 音声信号

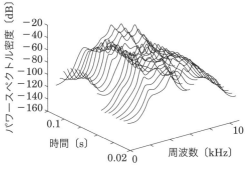

(b) 声紋（スペクトルの時間変化）

●図 9・10　音声信号と声紋

Note

化，すなわち声紋を示す．通常のフーリエ解析の"周波数-パワースペクトル"という2次元情報に，時間という三つめの次元が加わるので，3次元プロットで可視化すると直感的に周波数成分の時間的変化がわかる．

これまで説明してきた周波数解析法では，信号を直交関数基底で展開して表示することを基本としている．フーリエ級数／フーリエ変換に基づく周波数解析では直交関数基底として正弦波を用いている．正弦波は時間的に一定の挙動を繰り返す周期関数であるため，時間的に局在した信号などを表現することが困難である．そこで基底関数として時間軸に対し，伸縮・シフトするパラメータを含む関数を用いて展開する，**ウェーブレット解析**が考案されている．"ウェーブレット"は，さざ波や小さな波を意味する言葉である．

ウェーブレット解析では，スケーリング係数aとシフト係数bを導入した基底関数 $\Psi_{a,b}(t) = \dfrac{1}{\sqrt{a}}\,\Psi\left(\dfrac{t-b}{a}\right)$ を用意する．図9・11 に示すように，この関数系はスケーリング係数aによって波形を時間軸について拡大／縮小し（つまり周波数を変化させる），シフト係数bによって時間軸上をずらすことになる．ウェーブレット解析では，このように伸縮／シフト可能な基底関数を用いて，解析対象信号との重なり具合を調べる．信号$x(t)$のウェーブレット変換は

$$X(a,b) = \int_{-\infty}^{\infty} x(t)\,\Psi_{a,b}(t)\,dt \tag{9・19}$$

で表される．ウェーブレット関数によって，フーリエ解析では固定していた時間領域での分解幅と周波数領域での分解幅を調整することが可能となり，非定常信号の解析に効果を発揮している．

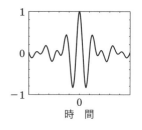 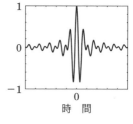 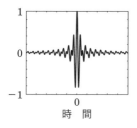

時 間   時 間   時 間

●図9・11 ウェーブレット関数

理解度 Check

☑ メカトロニクスシステムは機械，電気，電子，制御など種々の要素によって構成されているため，発生，伝送されている信号を統一的に扱う信号解析の技術が必要である．

☑ 信号を取り扱うための数学的知識は以下のとおりである．
- 正弦波の時間的挙動と周波数，振幅，位相との関連
- 正弦波と複素数 $e^{j\omega t}$ の関係
- フーリエ級数展開
- フーリエ変換

☑ 信号の性質によって適切な解析法が必要である．種別として以下がある．
- 周期信号の解析
- 非周期信号の解析
- 周期の検出
- 不規則性の判断
- 非定常信号の取扱い

☑ 周波数解析では，以下の項目が重要である．
- スペクトル情報と信号の挙動の関係
- フーリエ係数とスペクトルの関係
- 複素スペクトルでの表現
- 時間領域と周波数領域の対応関係
- フーリエ級数展開とフーリエ変換の違い
- スペクトルとスペクトル密度
- 相関関数とパワースペクトル

Training　　　　　　　　　　　　　　　　　　演 習 問 題 ●●●●

1 自転車に乗っていたところペダルが急に重くなった．この場合，われわれ
が行う判断の手順を考えよ．

2 スイカを買うとき，よくスイカを叩いて音を聞いてスイカの品定めをする．
この診断を自動化するにはどのような診断システムが必要となるか考えよ．

3 図9・12に示してある信号を選択欄の信号関数から選び，その根拠を説明せよ．

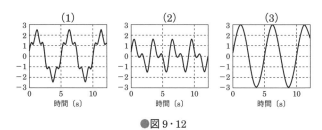

●図 9・12

信号関数

(a)　$x(t) = \sin\dfrac{2\pi}{5}t + 2\cos\dfrac{2\pi}{5}t$

(b)　$x(t) = 2\sin\dfrac{2\pi}{5}t + 0.5\cos 2\pi t$

(c)　$x(t) = \sin\dfrac{2\pi}{3}t + 0.8\sin\dfrac{4\pi}{3}t$

4 次にあげる正弦波の周波数と周期を示せ．

(1) $2\sin(5t)$

(2) $\sin(\pi t + 0.5t)$

(3) $2\sin(10t) + \cos(10t)$

5 複素フーリエ級数展開の式を導出せよ．

6 $x(t) = \begin{cases} 0, & t < 0 \\ e^{at}, & t \geq 0 \end{cases}$ をフーリエ変換せよ．ただし，$a < 0$ である．

7 男性の声と女性の声を区別するときに必要な信号解析を考えよ．

8 メカトロニクスシステムにおいて診断技術の必要性を述べよ．

9 周期が10秒の周期信号の15秒分の信号を取得してスペクトルを求めた．
何か不都合が生じるか述べよ．

10 日常生活において周波数解析を行っていると考えられる事例をあげよ．

上位システムの設計

学習のPoint

　メカトロニクスシステムがタスク（仕事）を実行するためには，（1）センサにより外界から情報を得て，（2）その情報やモデルを用いて周囲の状況を把握し，（3）タスクを遂行するための指令値を計算して，（4）それらに基づきアクチュエータを駆動する．このような一連の処理・計算ロジックを構築する作業を称して，上位システム設計と呼ぶ．

　本章では，上位システム設計の基本である機能の階層化と構造化について，ロボットを実例に学習する．さらに，ヒューマノイドロボットや自動車を実例に，メカトロニクスシステムを戦略的に創造するための設計方法について学習する．

10.1　ロボットのタスクプランニング

Task Planning for Robots

タスクとは，ある目的（Goal）を遂行するための作業，すなわち仕事である．設計者は，タスクを遂行するためにはどのような手順・計算を行うべきか，またそれらをどのように機械に実装するか，を考えなくてはならない．タスクは通常，さまざまなサブタスクからなるため，上位システム設計においてはタスクを分解し，階層化して考えることが基本になる．しかしながら，"上位システム設計"の範疇は極めて広く，かつ実態が曖昧なものであり，また対象とするシステムによっても大きく異なる．そこで，本節ではロボットの運動計画を具体例として，上位システム設計について説明する．

ここでは，ロボットが実環境と相互に作用しながらタスクを遂行する場合を想定し，そのために必要なさまざまなレベルの運動制御をタスクプランニングと考えよう（図10・1）．このような，環境依存型のタスクプランニングのアーキテクチャについては哲学思想的なものまでさまざま提唱されている．

1980年代に，ロドニー・A・ブルックス（Rodney A. Brooks）はフレーム問題[1]への対応など従来のロボットシステムのアーキテクチャが抱える課題を解決するため**サブサンプションアーキテクチャ（SA）**を提案した[2]．図10・2は，彼の考えに基づくロボットシステムと，従来のアーキテクチャの比較である．彼のいうところの従来のアーキテクチャ（図10・2(a)）では，ロボットはセンサからの外部情報をもとに環境のモデルを獲得（外部情報を記号的表象に変換）し，そのモデルに従って行動を計画してから動き出す．しかし，実環境とモデルの間に誤差があった場合には計画が破綻してしまう．一方，提案されたSAは環境と

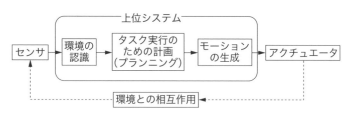

●図10・1　ロボットシステムのアーキテクチャ

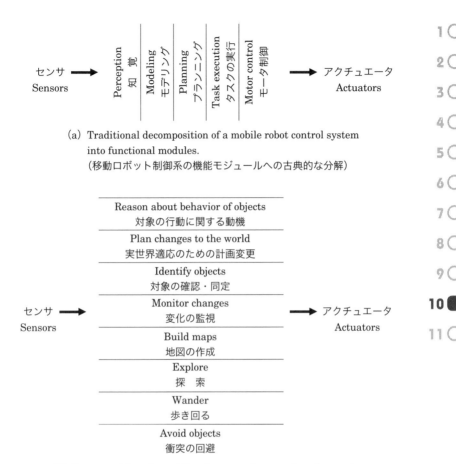

(a) Traditional decomposition of a mobile robot control system into functional modules.
(移動ロボット制御系の機能モジュールへの古典的な分解)

(b) Decomposition of a mobile robot control system based on task-achieving behaviors.
(タスク逐行のための行動に基づく移動ロボット制御系の分解)

●図 10・2 従来アーキテクチャとサブサンプションアーキテクチャの比較[2]

の相互作用を重視する behavior-based なシステムであり，センサからの情報を簡単な計算を経て反射的にアクチュエータへ出力するモジュール化された層の積み重ねで構成されている（図 10・2 (b)）．

Note

[1]　J. McCarthy and P. J. Hayes, 'Some philosophical problems from the standpoint of artificial intelligence', Edinburgh University Press, 1969.
（和訳は，J. マッカーシー・P. J. ヘイズ・松原仁 著，三浦謙 訳，『人工知能になぜ哲学が必要か―フレーム問題の発展と展開』，哲学書房，1990 の中に収録されている）

[2]　R. A. Brooks, "A Robust Layered Control Systems for a Mobile Robot", *IEEE J. Robotics and Automation*, Vol. RA-2, No. I, pp. 14-23, 1986.

　この考えに即して，例えば移動ロボットの場合を考えると，下位層では障害物回避処理，そして上位層にゆくにつれて地図の作成や対象物の認識など，知的レベルの高い層となり，各層から指令に矛盾が生じないように上位層は下位層に対して抑制をかけるように構成される．SAを組み込んだロボットは，環境との相互作用によって実時間で行動を決定し，環境に適応してすばやく動く昆虫のような振る舞いを実現することができる．

　SAの発表当時は大変脚光を浴び，「環境との相互作用を重視する」という思想は多くの研究者に影響を与えた．その一方で，「表象をモジュールごとに独立に書き換えただけで想定外の状況には適応できない」「人間のように大局的な目的をもったトップダウン的な行動を取り扱うことは困難だ」という批判もあり，研究者の反応はさまざまであったことも述べておく必要があるだろう．

　この例で紹介したように，上位システムのアーキテクチャというものは決して一義に定まるようなものではない．タスクプランニングの理想的なアーキテクチャには多くの可能性があって，今も研究が続けられている．

10.2　ロボットのモーションコントロール
Motion Control for Robots

　ロボットの上位システム設計の具体的な例として，ここではモーション生成という機能に絞って説明する．

　工業用ロボットは，米国のロボット工業会で「いろいろな作業のために，プログラムにより，もの，部品，工具，あるいは特殊な機器を動かすように作られた再プログラム可能で，多機能をもつマニピュレータ[†1]」と定義されている．この定義からもわかるように，ロボットはプログラムを変えることにより，多くのタスクを実行できる汎用的な機械である．マニピュレータは，通常リンクとそれらを動かす関節，すなわちアクチュエータからなる（図10・3）．また，マニピュレータの先端を手先と呼び，ここに作業するためのツール（手先効果器）を付ける．手先が動く自由度とアクチュエータの数は通常一致しており，3次元空間の任意の位置に手先を動かすためには三つの自由度を必要とし，さらにその位置で任意

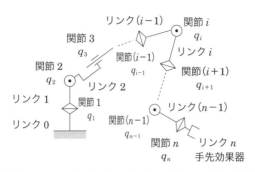

●図 10・3　ロボット（マニピュレータ）の一般的な構造

の姿勢を取るためにはさらに 3 自由度を必要とするので，全体で 6 個のアクチュエータを必要とする．ロボットにはさまざまな形があるが，小さな部品を組み立てる精密機械工場では水平駆動関節で構成される**スカラ型ロボット**（SCARA：Selective Compliance Assembly Robot Arm）が使われることが多い．

1 座標系と参照軌道

Coordinate System and Reference Trajectory

ロボットの運動を記述するために必要十分な自由度をもった座標を**一般化座標**といい，図 10・3 のような一般的な構造のロボットでは関節座標を一般化座標として用いることが多い．例えば図 10・3 の場合，関節 i の変位（長さでも角度でもよい）q_i を**関節変数**と呼び，これを一般化座標のベクトルとして

$$q = [q_1 \quad q_2 \quad \cdots \quad q_n]^T \tag{10・1}$$

のように表す．この一般化座標のベクトルによって張られる空間（数学的に見た変数の広がり）を**コンフィギュレーション空間**という．コンフィギュレーション空間は，ロボットのモーションを表現するためには有効であるが，タスクを表現するには不便な面がある．そこでタスクを表現するのに適した別の空間表現を考える．例えば，ロボットの手先や作業対象の位置と姿勢がタスクを遂行するうえで重要であれば，その位置について直交座標 x, y, z，姿勢についてはオイラー角 ϕ, θ, ψ を用いて[†2]

Note

†1　マニピュレータとは物体を操作するためのロボットである．

†2　姿勢の表現については，オイラー角以外にも，ロール，ピッチ，ヨー角を用いたものなどがある．

$$\boldsymbol{r}_{\mathrm{obj}} = [x \quad y \quad z \quad \phi \quad \theta \quad \psi]^T \tag{10・2}$$

という 6 次元ベクトルで表現すればよい．このような座標を**タスク座標**と呼び，タスク座標のベクトル

$$\boldsymbol{r} = [r_1 \quad r_2 \quad \cdots \quad r_m]^T \tag{10・3}$$

で張られる空間を**タスク空間**と呼ぶ．ロボット分野ではコンフィギュレーション空間からタスク空間への変換 $r = f(q)$ を**順運動学**と呼び，その逆変換 $q = f^{-1}(r)$ を**逆運動学**と呼んでいる[3]．順運動学では q を決めれば r は一意に求まる．しかし，逆運動学の解，すなわち手先の位置と姿勢 r を与える関節変位 q は，一意に求まることは少ない．

　ここでは，図 10・4 に示すスカラ型の 2 リンクロボットを例として考えよう．個々のパラメータの記号を表 10・1 に示す．まず，ロボットの作業を計画するためには，ロボットが置かれているタスク空間の座標と各軸の関節の動きの関係を明らかにしておかなければならない．なぜなら，タスク空間でのモーションを与える関節変位，すなわちコンフィギュレーション空間での座標値がわからないとロボットの制御（より具体的にいうと，各関節のモータの制御）はできないからである．さて，図 10・4 の二つのリンク l_1, l_2 をもつスカラ型ロボットの手先座

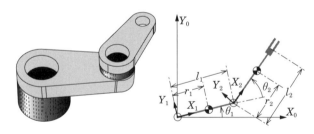

●図 10・4　スカラ型の 2 リンクロボット

■表 10・1　2 リンクロボットのパラメータ（$i = 1, 2$）

m_i	リンク i の質量
l_i	リンク i の長さ
r_i	第 i 関節からリンク i の重心までの長さ
J_i	リンク i の重心周りの慣性モーメント

標をタスク座標系で表したものを $x_p=[x_p \quad y_p]^T$，関節変位を θ_1, θ_2 としよう[†4]．x_p は

$$x_p = \begin{bmatrix} l_1 \cos\theta_1 + l_2 \cos(\theta_1+\theta_2) \\ l_1 \sin\theta_1 + l_2 \sin(\theta_1+\theta_2) \end{bmatrix} \tag{10・4}$$

のように求められる[†5]．式 (10・4) を時間微分すると式 (10・5) のように変形でき，手先の速度が得られる．式 (10・5) の J_a を**ヤコビアン**と呼ぶ．

$$\dot{x}_p = \begin{bmatrix} -l_1 \sin\theta_1 - l_2 \sin(\theta_1+\theta_2) & -l_2 \sin(\theta_1+\theta_2) \\ l_1 \cos\theta_1 - l_2 \cos(\theta_1+\theta_2) & l_2 \cos(\theta_1+\theta_2) \end{bmatrix} \begin{bmatrix} \dot{\theta}_1 \\ \dot{\theta}_2 \end{bmatrix}$$
$$= J_a \dot{\theta} \tag{10・5}$$

この式からタスク座標での手先の速度を与える関節座標の角度速度は，ヤコビアンの逆行列が存在する場合

$$\dot{\theta} = J_a^{-1} \dot{x}_p \tag{10・6}$$

のように求めることができる．この逆行列が存在しないような手先の位置（関節座標ならば角度）を**特異点**という．式 (10・5) をさらに微分することで手先の加速度を

$$\ddot{x}_p = \dot{J}_a \dot{\theta} + J_a \ddot{\theta} \tag{10・7}$$

のように求めることができる．ここでは用いなかったが，運動学や逆運動学に関する計算を統一的に行うための数学的ツールとして**同次変換行列**がある．これは二つの座標系間の回転と平行移動を一つの行列で表現でき，自由度の高いロボットの解析には必須のツールである．

　ロボットのモーション生成とは，これらのコンフィギュレーション空間やタスク空間にある点と点を結ぶ時間関数で手先の軌道を生成することである．いまタスク空間で r_S から r_E まで手先を移動させるとしよう．ロボットの制御は最終的にはアクチュエータと直接関係するコンフィギュレーション空間で行われるの

Note

†3　運動学の詳細についてはロボット関係の教科書，例えば文献 [3] [4] を参照．
†4　一般化座標 q として関節座標を選んだ場合，回転型関節の変位は θ，直動型関節の変位は d を使って表記することが多い．
†5　以下では，記述の煩雑さを避けるため，ベクトルと行列について，その区別がつきにくいときは太字を用いて明示することとする．
[3]　吉川恒夫，『ロボット制御基礎論』コンピュータ制御機械システムシリーズ 10，コロナ社，1988．
[4]　内山勝・中村仁彦 編，『ロボットモーション』岩波講座ロボット学 2，岩波書店，2004．

で，まず逆運動学問題[†6]を解いてタスク空間での始点と終点に対応するコンフィギュレーション空間での点 q_S と q_E を求める．次に，軌道の両端の境界条件として（角）速度と（角）加速度を 0 とするように時間関数を求めればコンフィギュレーション空間での滑らかな目標軌道を生成することができる．例えば，一つの成分 q_i について，その始点と終点をそれぞれ q_{Si}，q_{Ei} として所望の移動時間を t_E とする．この軌道は六つの境界条件を満たす必要があるので，時間の 5 次関数として

$$q_{di}(t) = b_5\,t^5 + b_4\,t^4 + b_3\,t^3 + b_2\,t^2 + b_1\,t + b_0$$
$$\dot{q}_{di}(t) = 5\,b_5\,t^4 + 4\,b_4\,t^3 + 3\,b_3\,t^2 + 2\,b_2\,t + b_1 \tag{10・8}$$
$$\ddot{q}_{di}(t) = 20\,b_5\,t^3 + 12\,b_4\,t^2 + 6\,b_3\,t + 2\,b_2$$

のように表現できるだろう．そして，その境界条件は

$$q_{di}(0) = b_0 = q_{Si}$$
$$\dot{q}_{di}(0) = b_1 = 0$$
$$\ddot{q}_{di}(0) = 2b_2 = 0$$
$$q_{di}(t_E) = b_5\,t_E{}^5 + b_4\,t_E{}^4 + b_3\,t_E{}^3 + b_2\,t_E{}^2 + b_1\,t_E + b_0 = q_{Ei} \tag{10・9}$$
$$\dot{q}_{di}(t_E) = 5\,b_5\,t_E{}^4 + 4\,b_4\,t_E{}^3 + 3\,b_3\,t_E{}^2 + 2\,b_2\,t_E + b_1 = 0$$
$$\ddot{q}_{di}(t_E) = 20\,b_5\,t_E{}^3 + 12\,b_4\,t_E{}^2 + 6\,b_3\,t_E + 2\,b_2 = 0$$

となる．

したがって，式(10・9)を連立して，係数 b_i $(i = 0, 1, \cdots, 5)$ を決めることができる．この係数が定まれば時間の関数として所望の始点と終点を結ぶ軌道が生成できる[†7]．このように，タスクを遂行するためにロボットに対して上位から（アクチュエータのレベルに）指令される軌道を **参照軌道** という．

② ラグランジュの方法による運動方程式の導出

Derivation of Motion Equation by Lagrange Method

2 リンクのスカラ型ロボットのようなメカニカルシステムを制御する場合には，運動方程式を導出しなければならない．ここではラグランジュ方程式を用いて運動方程式の導出を行う．本手法は，物体がもつエネルギーの変化から運動方程式を導出する方法である．運動のエネルギー T から位置のエネルギー U を引いたものを **ラグラジアン** L といい，次の方程式(10・10)を **ラグランジュ方程式**

という.

$$\tau_i = \frac{d}{dt}\left(\frac{\partial L}{\partial \dot{q}_i}\right) - \frac{\partial L}{\partial q_i} \tag{10 · 10}$$

ここでは,図 10·4 に示した 2 リンクのロボットの運動方程式を式 (10·10) を使って求めてみよう.各関節にはアクチュエータが配置されており,第 1 関節では台座とリンク 1 の間に,そして第 2 関節ではリンク 1 とリンク 2 の間に駆動トルクが働くとして,それぞれを τ_1, τ_2 とする.J_1 および J_2 が各リンクの質量中心周りの慣性モーメントであることに注意して運動エネルギーを求め,さらにポテンシャルエネルギーをリンクごとに求めると,リンク 1 については

$$T_1 = \frac{1}{2}m_1 r_1{}^2 \dot{\theta}_1{}^2 + \frac{1}{2}J_1 \dot{\theta}_1{}^2 \tag{10 · 11}$$

$$U_1 = 0 \tag{10 · 12}$$

となる.また,リンク 2 については

$$T_2 = \frac{1}{2}m_2[l_1{}^2 \dot{\theta}_1{}^2 + r_2{}^2(\dot{\theta}_1 + \dot{\theta}_2)^2 + 2l_1 r_2 C_2(\dot{\theta}_1{}^2 + \dot{\theta}_1 \dot{\theta}_2)] + \frac{1}{2}J_2 (\dot{\theta}_1 + \dot{\theta}_2)^2 \tag{10 · 13}$$

$$U_2 = 0 \tag{10 · 14}$$

となる.ただし,三角関数について

$$\sin\theta_1 = S_1,\ \sin\theta_2 = S_2,\ \sin(\theta_1 + \theta_2) = S_{12}$$
$$\cos\theta_1 = C_1,\ \cos\theta_2 = C_2,\ \cos(\theta_1 + \theta_2) = C_{12} \tag{10 · 15}$$

のように略記した.したがって,ラグランジアンは

$$L = T_1 + T_2 - U_1 - U_2 \tag{10 · 16}$$

となり,式 (10·10) に従って計算すれば

$$\tau_1 = [m_1 r_1{}^2 + J_1 + m_2(l_1{}^2 + r_2{}^2 + 2l_1 r_2 C_2) + J_2]\ddot{\theta}_1$$
$$+ [m_2(r_2{}^2 + l_1 r_2 C_2) + J_2]\ddot{\theta}_2 \tag{10 · 17}$$
$$- m_2 l_1 r_2 S_2(2\dot{\theta}_1 \dot{\theta}_2 + \dot{\theta}_2{}^2)$$

Note

†6　ロボットの構造により逆運動学を解くことが難しい場合や,実時間での計算の実装ができない場合は,式 (10·6) を用いてタスク座標から一般化座標への変換をヤコビアンの逆行列を用いて速度の次元で行う**分解速度制御**という手法が使われることがある.

†7　この軌道は 2 点間を決められた時間で移動する場合に,加速度の変化率 (Jerk) の 2 乗積分値を最小にする一種の最適軌道となっている.

$$\tau_2 = [m_2(r_2{}^2 + l_1 r_2 C_2) + J_2]\ddot{\theta}_1 + (m_2 r_2{}^2 + J_2)\ddot{\theta}_2 + m_2 l_1 r_2 S_2 \dot{\theta}_1{}^2 \tag{10・18}$$

のように運動方程式が求まる．式（10・17）と式（10・18）を整理すれば

$$\begin{bmatrix} \tau_1 \\ \tau_2 \end{bmatrix} = \begin{bmatrix} M_{11} & M_{21} \\ M_{21} & M_{22} \end{bmatrix}\begin{bmatrix} \ddot{\theta}_1 \\ \ddot{\theta}_2 \end{bmatrix} + \begin{bmatrix} h_1 \\ h_2 \end{bmatrix} + \begin{bmatrix} g_1 \\ g_2 \end{bmatrix}$$
$$= \boldsymbol{M}(\theta)\ddot{\theta} + \boldsymbol{h}(\theta, \dot{\theta}) + \boldsymbol{g}(\theta) \tag{10・19}$$

のような形にまとめることができることがわかるだろう．ここで，$\boldsymbol{M}(\theta)\ddot{\theta}$ は慣性力，$\boldsymbol{h}(\theta, \dot{\theta})$ は遠心力やコリオリ力，$\boldsymbol{g}(\theta)$ は重力[†8]の影響を表している．ただし

$$M_{11} = m_1 r_1{}^2 + J_1 + m_2(l_1{}^2 + r_2{}^2 + 2l_1 r_2 C_2) + J_2$$
$$M_{12} = M_{21} = m_2(r_2{}^2 + 2l_1 r_2 C_2) + J_2$$
$$M_{22} = m_2 r_2{}^2 + J_2$$
$$h_1 = -m_2 l_1 r_2 S_2(2\dot{\theta}_1 \dot{\theta}_2 + \dot{\theta}_2{}^2)$$
$$h_2 = m_2 l_1 r_2 S_2 \dot{\theta}_1{}^2$$
$$g_1 = 0$$
$$g_2 = 0 \tag{10・20}$$

である．

③ 軌道追従型の制御系設計

Design for Trajectory Tracking Control System

　最後に，生成された参照軌道にロボットを追従させるための制御系の構成について図 10・5 を参照しながら考えよう．ロボットの運動方程式の一般形は，式（10・19）に粘性摩擦力を加え，関節角 θ ではなく一般化座標 $\boldsymbol{q}$ を用いて

$$\tau = \boldsymbol{M}(\boldsymbol{q})\ddot{\boldsymbol{q}} + \boldsymbol{h}(\boldsymbol{q}, \dot{\boldsymbol{q}}) + \boldsymbol{C}\dot{\boldsymbol{q}} + \boldsymbol{g}(\boldsymbol{q}) \tag{10・21}$$

と記述する．この運動方程式は，別の見方をすると，とある軌道 $\boldsymbol{q}$ によって表されるロボットのモーション（位置，速度，加速度）を実現するために，どのようにトルクを加えるべきかを表しているものと捉えることができる．そこで，$\boldsymbol{u}_q$ をシステムへの新たな制御入力として，非線形フィードバックコントローラとして

$$\tau = \boldsymbol{M}(\boldsymbol{q})\boldsymbol{u}_q + \boldsymbol{h}(\boldsymbol{q}, \dot{\boldsymbol{q}}) + \boldsymbol{C}\dot{\boldsymbol{q}} + \boldsymbol{g}(\boldsymbol{q}) \tag{10・22}$$

を考える．すると，制御入力 $\boldsymbol{u}_q$ から関節の（角）加速度までの特性は

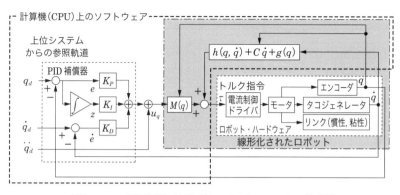

●図 10·5　参照軌道に追従するロボットシステムの構成例

$$\ddot{q} = u_q \tag{10·23}$$

となり，図 10·5 のロボットのハードウェアを含む一点鎖線内の網かけ部分の特性が線形化される．これは各関節への制御入力が関節の（角）加速度そのものになっていることを意味し，制御入力から関節変位までの動特性は二重積分特性 $(1/s^2)$ にみせる[†9]．二重積分特性は最も一般的な制御対象の一つであり，さまざまな線形制御理論を適用することが可能で，比較的容易に軌道追従型の制御系が構成できる[†10]．続いて，ロボットのリンク質量などにばらつきがあっても軌道の追従誤差に定常偏差が残らないよう，積分補償器を含んだ PID 制御系を設計してみよう．

まず，図 10·6 のように i 番目の関節の線形化された制御対象に対して係数 k_{pi}，k_{ii}，k_{di} によりフィードバック制御を行うことを考える[†11]．すると，参照軌道 q_{di} から関節変位 q_i までの伝達関数は

$$\frac{Q_i(s)}{Q_{di}(s)} = \frac{k_{di}\,s^2 + k_{pi}\,s + k_{ii}}{s^3 + k_{di}\,s^2 + k_{pi}\,s + k_{ii}} \tag{10·24}$$

Note

†8	この例では，アームが水平に駆動される場合を考えているので，重力に関する項は 0 となる．例えば，鉛直に駆動されるようにアームを設置すればポテンシャルエネルギーがラグランジアンに入り，結果として重力を補償するための項が運動方程式に現れる．
†9	ここでは，アクチュエータであるモータは 4 章で学んだような電流制御が行われていて，式（10·22）で計算されるモータドライバへのトルク指令値によりモータが発生するトルクが制御できる構成を前提としている．
†10	非線形システムであるマニピュレータを非線形制御で線形化する方法は，ドイツのフロイント教授によって提案された．
†11	ここでは，関節の（角）速度がタコジェネレータなどによって計測できるものとする．

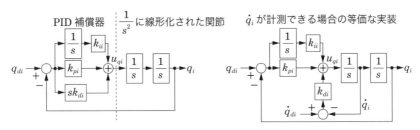

●図10・6　線形化されたロボットの一つの関節に対するPID制御系の構成例

のように計算できる[†12]．この3次システムに対して，モータの性能などを考慮して安定な極配置を行い，係数 k_{pi}, k_{ii}, k_{di} を決定する．同様にしてすべての関節についてフィードバック係数を求め，それらを対角に並べた係数行列を $\boldsymbol{K}_P$, $\boldsymbol{K}_I$, $\boldsymbol{K}_D$ とし，最終的に図10・5のPID補償器と記された軌道追従型の制御系を構成する．コンフィギュレーション空間での参照軌道 $\boldsymbol{q}_d$, $\dot{\boldsymbol{q}}_d$, $\ddot{\boldsymbol{q}}_d$ が，例えば式（10・8）の5次関数として上位システムから与えられるとすると，その参照軌道にロボットを追従させるためには

$$\boldsymbol{u}_q = \ddot{\boldsymbol{q}}_d + \boldsymbol{K}_P(\boldsymbol{q}_d - \boldsymbol{q}) + \boldsymbol{K}_D(\dot{\boldsymbol{q}}_d - \dot{\boldsymbol{q}}) + \boldsymbol{K}_I \int (\boldsymbol{q}_d - \boldsymbol{q}) dt \qquad (10 \cdot 25)$$

なる制御入力を，最終的に線形化されたロボットに加えればよい[†13]．

　以上のマニピュレータの軌道計画の例に見るように，ロボットに「腕を動かす」というような一見人間にとっては簡単なタスクを行わせる場合にも，さまざまなサブシステムやサブタスクを構成しなくてはならないことを理解していただけたと思う．

10.3　ヒューマノイドロボットの設計
Design for Humanoid Robot

　本節では，人間形ロボット，すなわちヒューマノイドロボットの設計方法を概説する．「ロボット」という語の定義に多様性があるように，「ヒューマノイドロボット」という語の定義もまた多様である[†14]．他のメカトロニクスシステムと同様に，ヒューマノイドロボットの設計の前段階として，そのロボットが何に使われ，どのような機能・性能を必要としているか，すなわちヒューマノイドロボッ

トの要求仕様を策定することが必要である．要求仕様が適切に決定されることにより，開発すべきヒューマノイドのハードウェアや制御システム，制御ソフトウェアをどのように構成すればよいかなど，それらの設計を始めることができる．ただし，本節では要求仕様の策定フェイズについては省略し，ヒトと同等のサイズで，頭部や四肢を備え，二足歩行による移動，表情表出，視覚・聴覚・触覚といった感覚入力が可能なヒューマノイドロボットを題材とする[15].

1 機械ハードウェアの基本設計

Basic Design of Mechanical Handware

　開発すべき**ヒューマノイドロボット**は下肢による二足歩行，上肢による物体操作，頭部による表情表出を可能としなければならない，とする．おおよその人が「ヒューマノイドロボット」という言葉に対して思い浮かべるようなロボットである．このようなロボットに要求される運動のレパートリーに基づき，機械ハードウェア設計の出発点である自由度および機構の構成を決めることができる．

　二足歩行では，接地した足部から見た腰部の位置・姿勢，ないしは腰部から見た次に接地する足部の位置・姿勢を制御することになる．3次元空間における一物体の運動の自由度は位置・姿勢合わせて6自由度なので，腰部と足部の間の機構，つまり脚部の機構は少なくとも6自由度を備えるべきである．よって，下肢だけで計12自由度構成となる．

　一方，物体操作のための体幹部から手部の間の機構，つまり腕部の機構に求められる自由度も同様に6自由度であるが，多くのヒューマノイドロボットにお

Note

†12　ここで，$Q_i(s)$，$Q_{di}(s)$は，q_i，q_{di} のラプラス変換．ラプラス変換については2章も参考のこと．

†13　参照軌道の $\ddot{q}_d$ はフィードフォワード則として制御入力に加えられている．

†14　ヒトの形を模したロボットとはいっても，表情表出機構がないロボットはヒューマノイドロボットといえるのか，表情表出可能な頭部や五指を備える上肢があっても下肢による二足歩行ができないロボットはヒューマノイドロボットといえるのかなど，学者・研究者界隈においても「ヒューマノイドロボット」が備えるべき構造・機能について統一見解を得るのは難しい．これは，ヒューマノイドロボットそれぞれの開発者にとって，着目している人間の構造・機能が異なるからである．

†15　近年のヒューマノイドロボット開発については，英語ではあるが文献[5]が詳しい．また，少々古くはなるが，文献[6]ではヒューマノイドロボットを含むさまざまなロボットの技術的構成が解説されており，大いに参考になる．

[5]　Ambarish Goswami, Prahlad Vadakkepat, (Eds.) : Humanoid Robotics: A Reference, Springer (2017)

[6]　稲葉雅幸，加賀美聡，西脇光一：『岩波講座 ロボット学 7　ロボットアナトミー』，岩波書店 (2005)

いては，肩の3自由度，肘の1自由度，手首の3自由度の計7自由度の機構としている[16]．ヒト手部・指部の自由度は多く，ロボットでそれらの自由度を再現すること自体が難しいが，単に物体を持てるだけなら1自由度の単純なグリッパでもよいだろう．しかし，じゃんけんやハンドサイン，握手などを可能とするには，数自由度の五指構成とせざるを得ないだろう．よって，左右腕部で計14自由度，左右手部・指部で計2〜20自由度となる．

　腰部に対する体幹部の運動としては上下方向軸周りの動作と左右方向軸周りの動作，場合によっては前後方向軸周りの動作の計2，3自由度となる．体幹部に対する頭部の運動（首部の自由度）として水平方向に見回す動作（上下方向軸周りに動かす）と見上げる，ないしはうつむく動作（左右方向軸周りに動かす）の2自由度を備えるロボットが多い．さらに首を傾げる動作（前後方向軸周りに動かす）や，首を根元から動かす動作を入れる場合もあり，計2〜4自由度となる．

　顔面部の機構のうち，視線によるロボットの意図伝達や，眼に実装されたカメラによる環境認識などを重視する場合は，両眼の動作が重要となる．上下を見る動作（左右方向軸周りに動かす）を両眼合わせて1自由度，左右を見る動作（上下方向軸周りに動かす）を片眼それぞれ1自由度とすれば，計3自由度となる．眼以外の顔面部の自由度は，ロボットが実現すべき表情の種類に依存する．表情生成のための主要な部位としては眉，上下瞼，口唇，下顎が挙げられ，左右対称の表情に限れば少なくとも4自由度が必要である．左右非対称な表情表出の実現や，それぞれの部位の制御点を多くすることを考慮すれば20自由度程度は欲しいところである[17,18]．

　このようにヒューマノイドロボットは40〜70自由度程度が必要となる．必要な自由度を決める際には，各自由度による動作を実現する機構と動力源についても同時に検討しておく．ここでは機構学，運動学，機械要素の知識が必要となる．脚部の股関節や膝関節，腕部の肩関節や肘関節などは回転アクチュエータ，ないしはその直列接続で実現されることが多い．簡単な回転アクチュエータの例はモータに減速器（ギア，ベルトープーリー，ハーモニックドライブなど）を取り付けたものである．足首，手首，体幹，首などは回転アクチュエータだけでなく，モータとねじ機構を組み合わせた直動アクチュエータと，受動対偶を含むリンク

機構とを組み合わせて実現される場合もある．また，直動アクチュエータを油圧，もしくは空気圧アクチュエータで実現することもある．いずれの場合においても，必要なアクチュエータの個数は自由度を下回ることはない．モータを用いる多くのロボットにおいては，自由度はアクチュエータの個数であり，ロボットの自由度を決めることは，ロボットに用いるアクチュエータの個数を決めることとほぼ同義である[19]．

　自由度と機構の構成をおおまかに決定した後に，実際に用いるアクチュエータを選定する．まずは仮設定された各部位の重量と，各自由度の可動範囲および出力すべき速度・加速度から，運動学・静力学・動力学を駆使して，各アクチュエータの出力すべき動力，力ないしはトルク，速度を求める．モータと減速器によるアクチュエータ構成の場合，力・トルクと速度の積である動力を基準にして，まずはモータを選定するとよい．減速器は動力を増やすことはしないからである．

　次いで，動力を力・トルク側と速度側にどのように分配するかを調整する減速器を選定する．減速器の伝達可能な動力，力・トルク，速度とともに，伝達効率にも注意する必要がある．アクチュエータ選定においては，さらに，エネルギー源の供給方法についても検討しなければならない．電動のアクチュエータを用いる場合，ロボット外部から（例えば電源コンセントから）電気エネルギーを供給することが容易ではあるが，必然的に電源ケーブルを必要とし，移動範囲などを制限することになる．バッテリーを搭載する場合は，その重量と体積がかさむこ

Note

[16] 肩の屈曲・伸展（左右方向軸周りに上腕を動かす），外転・内転（前後方向軸周りに上腕を動かす），外旋・内旋（肩関節と肘関節を結ぶ軸周りに前腕を動かす），肘の屈曲・伸展，手首の回内・回外（肘関節と手首関節を結ぶ軸周りに動かす），橈屈・尺屈（掌面の法線周りに動かす），掌屈・背屈（掌側もしくは甲側に曲げる）．

[17] 爪先可動軸などを備える足部機構や，肩をいからせたり，すくめさせたり，落としたりするような肩関節自体の位置姿勢を変えられるような肩機構を備えるヒューマノイドロボットもある．本文で列挙した自由度およびその構成はあくまで例であり，ロボット開発の目的に応じて適切に自由度・機構を構成することが肝要である．

[18] ヒトや生き物を模範とするロボットの開発においては，解剖学や生物学の知識を必要することが多い．工学系の学生としては専門外の分野であるが，お仕着せのお勉強ではなく，ロボット開発という目的のための能動的学習なので，楽しく学べるとよい．工学系に身を置きながら専門外のことも学べるので「お得」である．

[19] 負荷できるトルクを増やすために複数の連動するモータで1自由度を構成する場合や，モータとばねを組み合わせた直列弾性アクチュエータを複数組み合わせて1自由度の拮抗型関節を構成する場合もあるので，自由度とアクチュエータ個数は厳密には1対1対応ではない．ただし，多くの場合においては，自由度はアクチュエータ個数の目安にはなる，ということである．

とになる．空気圧アクチュエータを用いる場合は，圧縮空気の供給源であるコンプレッサやボンベの搭載方法を検討する．また，次項で詳述するアクチュエータの制御機器についても同時に検討しなければならない．

　自由度，機構，アクチュエータ・エネルギー源がおおまかに決定されたら，それらを具体的に実装・格納する各部品の設計に入ることになる．ここでは材料力学，機械材料学，加工学，機械要素，製図の知識が必要となる．機械を構成する各部品は負荷する荷重・モーメントにより変形するが，その結果破壊しないような材料・形状に設計することはもとより，その変形量を許容限度内に抑えることも重要である．

　特に二足歩行ロボットは，地面に完全に固定されてはいない接地面（足裏面）から，足部，接地脚（支持脚），比較的重量のある腰部および上半身，踏み出し側の脚（遊脚）を介して，次に接地すべき足部へと直列に接続された機構構成となっている．例えば，腰部・上半身・遊脚の重量により支持脚が過大に変形すると，遊脚側足部の位置姿勢が理想状態からずれ，接地しているべきタイミングで遊脚側足部が接地していないことになるので[20]，歩行を継続できず転倒してしまう．このようなことにならないようにするため，ロボットの各部品は十分な剛性をもつように設計する必要がある[21]．剛性を高めるには部品の厚さなどを増やしたり，ヤング率の大きい材料を用いたりする方法が簡単である[22]．ただし，部品をより厚くすると重量が増えるし，ヤング率の大きい材料は得てして比重が大きい[23]．いたずらに部品重量を重くしてしまうと，ロボット重量を負荷するアクチュエータの出力もより増やさなくてはならなくなり，大出力のアクチュエータは得てして重くかさばるので，部品もさらに厚く大きく重くしなければならなくなる……というふうに，重量・大きさに関する部品とアクチュエータのインフレーションスパイラルに陥ってしまうことがある．これを避けるためには，部品全体および各箇所の形状を工夫する必要がある[24]．

　ここまでで，自由度，機構，アクチュエータ・エネルギー源を順に決めたうえで個々の機械部品を設計するような順番で説明してきたが，実際には前の段階に立ち戻ることもある．利用可能なアクチュエータ製品や制御機器，材料，加工法，機械要素の機能・性能には限界があるので，設計が具体化するにつれ，前段階で

決まった方法ではロボットの機械ハードウェアを実現できないことが明らかにな
る場合である．したがって，各設計段階ではあらかじめ後の設計段階での実現性
を考慮して，設計を行う必要がある．これらの各設計段階を先におおまかに遂行
し（基本設計），実現性が確認された後に各部・細部の設計を詰めていく（詳細
設計），という流れになる．

　このような，ある種の試行錯誤を伴う設計を，紙，筆記具，電卓のみによって
行うのは難しい．現代では多くの PC ソフトウェアが利用できる．運動学・静力
学・動力学シミュレーションであれば MATLAB や Maple といった科学技術計
算ソフトウェア，解析的に解きやすい関係式であれば一般の表計算ソフトウェア，
機械部品設計および応力・変形解析であれば 3D CAD/CAE ソフトウェアを駆
使して，ロボットの機械ハードウェアを設計するとよい．

　実際に開発されたヒューマノイドロボットの例として，全身情動表出ヒューマ
ノイドロボット KOBIAN（図 10·7）[7, 8] と，その改良機である KOBIAN-R（図
10·8）[9, 10] を紹介する．

　KOBIAN は下肢に左右計 12 自由度，腕部に左右計 14 自由度，手部・指部に
左右計 8 自由度，腰部・体幹部に 3 自由度，首部に 4 自由度，顔面部に 7 自由
度の合計 48 自由度を備え，身長 1.4 m，体重 62 kg である．ヒトのように膝を
伸ばした二足歩行，500 g までの物体の片手把持および運搬，じゃんけんや握手，

Note

†20　もしくは早すぎるタイミングで遊脚側足部が地面と接触する．

†21　部品の剛性だけではなくアクチュエータの剛性もまた重要であることは忘れてはならない．

†22　6.4 節 2 項より，変形量の指標であるひずみは応力に比例し，ヤング率に反比例する．また，
　　　応力は断面積に反比例する．

†23　鉄鋼の比重が約 7.9，ヤング率が約 200 GPa であるのに対し，チタン合金では比重が約 4.5，
　　　ヤング率が約 110 GPa，アルミニウム合金では比重が約 2.7，ヤング率が約 70 GPa，マグ
　　　ネシウム合金では比重が約 1.8，ヤング率が約 45 GPa である．

†24　例えば，リブや肉抜き穴を設けたりする．近年では CAD/CAE 技術の発展により，コンピュー
　　　タを用いて最適な形状を導き出すトポロジー最適化も利用しやすくなっている．

[7]　全身を用いた情動表出が可能な 2 足歩行ヒューマノイドロボット KOBIAN：http://www.
　　　takanishi.mech.waseda.ac.jp/top/research/kobian/KOBIAN/index_j.htm

[8]　N. Endo and A. Takanishi：Development of Whole-body Emotional Expression Humanoid
　　　Robot for ADL-assistive RT services, Journal of Robotics and Mechatronics, Vol. 23, No. 6,
　　　pp. 969-977 (2011)

[9]　全身を用いた情動表出が可能な 2 足歩行ヒューマノイドロボット KOBIAN-RIII：http://
　　　www.takanishi.mech.waseda.ac.jp/top/research/kobian/KOBIAN-RIII/index_j.htm

[10]　岸竜弘，遠藤信綱，大谷拓也，Przemyslaw Kryczka，橋本健二，中田圭，高西淳夫：顔面
　　　各部の広い可動域および顔色により豊かな表情表現が可能な 2 足歩行ヒューマノイドロボット頭
　　　部の開発，日本ロボット学会誌，Vol. 31, No. 4, pp. 106-116 (2013)

部位	自由度
顔面	7
首	4
腕	7×左右
手指	4×左右
腰・体幹	3
脚	6×左右
合計	48

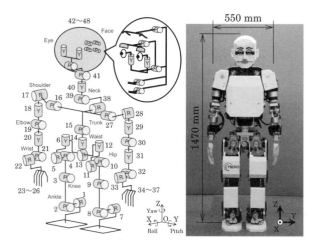

●図 10・7　全身情動表出ヒューマノイドロボット KOBIAN の自由度構成と外観（画像提供：早稲田大学理工学術院高西淳夫研究室）

部位	自由度
顔面	24
首	4
腕	7×左右
手指	4×左右
腰・体幹	3
脚	6×左右
合計	65

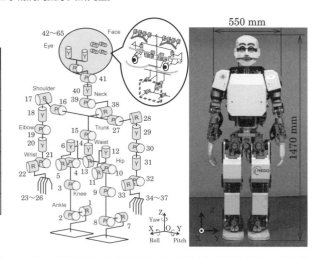

●図 10・8　全身情動表出ヒューマノイドロボット KOBIAN-R の自由度構成と外観（画像提供：早稲田大学理工学術院高西淳夫研究室）

喜び・驚き・怒りなどの表情表出，両眼カメラによって認識した視標への追従歩行が可能である．48 個のエンコーダ付き直流モータを備え，減速器のほとんどはベルトープーリーとハーモニックドライブを用いている．バッテリーを体幹部に内蔵し，外部からの電源供給なしに動作することができる．下半身の機械部品

の材料は主にアルミニウム合金の一種である超々ジュラルミン，上半身の機械部品の材料は主にマグネシウム合金を用いている．アルミニウム合金によるハニカム材と CFRP 板を組み合わせた足部や，チタン合金製のボルトを用いるなど，軽量化が図られている．

KOBIAN の頭部を改良したロボットが KOBIAN-R である．より多彩な表情を表出するための自由度を追加し，顔面部には 24 自由度と顔色表出機構を備える．ロボット全体としては合計 65 自由度を備え，身長 1.4 m，体重 67 kg である．頭部には聴覚のための両耳マイクロフォン，触覚のための力センサ，嗅覚としてのガスセンサ，前庭感覚としての IMU [25] が追加された．

❷　制御システムの基本設計

Basic Design of Control System

ロボットの機械ハードウェアの設計と並行して，制御システムの設計も行う必要がある．これは，アクチュエータの制御システム，視・聴・触覚といった外界認識のためのセンサ情報処理システム，これらの駆動エネルギー源システムにより構成される．

数十もの自由度を備えるヒューマノイドロボットのアクチュエータ制御システムは煩雑になりやすい．まずは一つのアクチュエータを制御することから考えてみよう．4 章で紹介した直流モータの回転角度を，3 章で紹介したインクリメンタル式ロータリエンコーダで計測し，7 章で紹介した制御器によってモータ角度を制御するシステムを例にとる．この制御の主体はコンピュータであるが，一般の CPU はモータを駆動するのに十分な電流・電圧を出力できないので，CPU からの指令に応じた電流・電圧をモータに出力するモータドライバが必要となる．モータドライバには電源システムからの電源供給線 2 本，CPU からの指令値信号線 2 本，モータへの電流・電圧供給線 2 本が接続されることになる．エンコーダ付モータを使用するとして，これにはモータドライバからの電流・電圧供給線 2 本，電源システムからエンコーダへの電源供給線 2 本，エンコーダから CPU への A 相・$\overline{\text{A}}$ 相・B 相・$\overline{\text{B}}$ 相の信号線 4 本が接続されることになる [26]．

Note

[25]　Inertial Measurement Unit．慣性計測装置．
[26]　$\overline{\text{A}}$ 相は A 相を反転させた信号である．出力信号と，その極性を反転した信号を用いる方式をラインドライバ出力という．ノイズに強くなる．

つまり，1自由度につき少なくとも6本の信号線が必要となる[27]．よって，数十もの自由度を備えるヒューマノイドロボットにおいては，制御の主体であるコンピュータを一つのみとした場合（集中制御方式），これとロボット全身のエンコーダ付モータおよびモータドライバとの間に数百本もの信号線を這わすことになる[28]．

　これに対して，制御の主体であるコンピュータを複数用いる分散制御方式では，信号線の配線量を減らすことができる．分散制御方式では上位のコンピュータは各モータの制御を担当しない．代わりに，上位のコンピュータではなく小型のコンピュータ（8章で紹介した組込みマイコン）が1個ないしは数個のモータを制御する．このモータコントローラユニットはモータドライバを内蔵する構成にしてもよい．上位のコンピュータとモータコントローラユニットはシリアル通信でモータ角度指令値やモータ角度実測値，制御パラメータなどをやりとりする．RS-422/485，CANなどの通信規格では，1組の信号線上に複数の機器を接続できるので，上位コンピュータから見て各モータコントローラユニットが数珠つなぎに連なるように構成できる（デイジーチェーン接続）．例えば，ロボット右腕・右手に計12個のモータがあるとしよう．集中制御方式では上位コンピュータからは6本×12個＝72本の信号線が少なくとも必要となる．一方，1台で4個のモータを制御可能なモータコントローラユニットを3台用いた分散制御方式では，ディジーチェーン接続により2本の信号線で済む．

　モータコントローラおよびモータ，減速器が一体となった位置制御モジュールも市販されている．古くはラジコン玩具用途のものでラジコン（RC）サーボモータと呼ばれている．RCサーボモータはPWM信号により目標角度指令値を受け取るものが多く，廉価な組込みマイコンを上位コンピュータとして使用することができ，入門用としてちょうどよい．近年では大小さまざまなロボット用の位置制御モジュールが市販されており，一般のラップトップPCからでも簡単に使うことができる．ただし，モータ・減速器の組合せや配置から設計したい場合や，制御器の中身から作りこみたい場合には不向きである．

　配線周りについては分散制御方式に分があるが，集中制御方式にも利点はある．一つの観点は，通信に要する時間が短く，よって速い周期での制御が可能になる

ということである．市販されている PCI 規格の D/A 変換ボードやパルスカウンタボードを用いる場合，CPU がパルスカウンタボードを介してエンコーダ角度を取得し，目標角度との偏差に基づいて計算されたモータドライバへの速度指令値を D/A 変換ボードを介して出力するという，一つのモータ位置制御に要する時間はせいぜい数 μs である．計 48 自由度のモータの位置制御に要する時間は高々 $400\,\mu s$ 程度であり，ヒューマノイドロボット全自由度のモータ位置制御を 1 ms の周期で実行できる．これは，モータ目標角度の更新周期を最短で 1 ms に設定できることを意味する．

一方，シリアル通信などを用いる分散制御方式において，一つのモータコントローラユニットからモータ角度を取得し，目標角度指令値を与えるには数 ms を要する[†29]．一つの通信ポートのみを用いて全モータコントローラユニットと通信する構成の場合，数十自由度の目標角度の更新周期は数十 ms 程度になってしまう．分散制御方式において高速な制御を実現したい場合は，上位コンピュータの通信コントローラの複数化や，通信プロトコルおよび制御プログラムの工夫，もしくは，より高機能・高性能な通信方式の採用が必要である[†30]．

ロボットが外界を認識するためには，例えば視覚としてカメラ，聴覚としてマイクロフォン，触覚として力センサあるいは圧力センサ，温冷覚として温度センサなどが必要である．他にも姿勢制御のための平衡感覚として加速度センサやジャイロセンサないしは IMU，足裏面と地面との接触状態を計測するための 6 軸力覚センサなどがヒューマノイドロボットには搭載されるとよい．これらの各種センサと上位コンピュータとの間の接続方法を設計する際は，センサ出力信号

Note

†27	関節のホームポジション検出のためのセンサを搭載する場合，さらに 2 本必要であり，合計 8 本となる．
†28	多くのモータドライバはモータへの電流・電圧の指令値をアナログ電圧により受け取り，一般の CPU はアナログ電圧を出力しないので，実際には D/A 変換器を介した構成となる．また，エンコーダの A 相・B 相のパルスカウントも，CPU が直接担うのではなく，パルスカウンタ器を介した構成となる．これらのための PC に搭載可能な PCI 規格の入出力基板が市販されており，D/A 変換ボードやパルスカウンタボードと呼ばれる．
†29	筆者らが市販のロボット用位置制御モジュールに対して実測した値に基づく．通信ポートの転送速度にも依存するが，短くなってもせいぜい 1 桁であろう．ただし，位置制御モジュール内で位置制御の制御ループは回っているので，モータ単体の制御性能自体には関係ないことに注意する．
†30	RS-232C，RS-422/485，CAN，USB の他に，EtherCAT や FlexRay といった通信規格がある．

をアナログ電圧・電流で受け取るか，通信で受け取るかに注意する．アナログ信号は一般に電磁ノイズの影響を受けやすく，集中制御方式のヒューマノイドロボットの場合は特に，末端のセンサから中央の上位コンピュータとの間に多数のモータが配されるので，アナログ信号線の経路やノイズ対策に気を配る必要がある．また，上位コンピュータ側にセンサ個数分のA/D変換器を必要とする．ノイズ対策や配線の観点からは，A/D変換器をセンサの近くに配置し，通信によって上位コンピュータへ伝達する，つまり分散制御方式同様の構成とするのがよい．

　集中制御方式の例として，全身情動表出ヒューマノイドロボットKOBIANの制御システム構成を図10・9に示す．KOBIANは上位の制御コンピュータとして背中に組込みPC（CPU：Pentium M 1.8 GHz）を搭載し，リアルタイムOSであるQNX Neutrinoを用いている．1枚につきそれぞれ16チャンネルのD/A変換器・パルスカウンタ器・A/D変換器・ディジタル入出力（DIO）器を備えるI/Oボード3枚と，両足の6軸力覚センサ用受信ボード1枚が，CPUボードとPCI規格で接続されている．直流モータの回転角度をエンコーダとパルスカウンタ器で計測し，目標角度との偏差から計算されたモータの速度指令値を

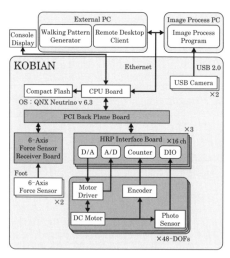

●図10・9　KOBIANの制御システム構成
　　　　（画像提供：早稲田大学理工学術院高西淳夫研究室）

D/A変換器を介してモータドライバに伝達し，モータドライバがモータに電流を流す．また，モータドライバから出力されるモータ電流計測値をA/D変換器で取得する．各関節には関節角度の0°の位置（ホームポジション）を検出するためのフォトインタラプタが備え付けられており，これをDIO器で取得する．両眼に搭載されたUSB 2.0接続のCMOSカメラの映像は，背中搭載の別のラップトップPCで取得し，算出された視標位置がEthernetを通して制御コンピュータに送信される．全モータの位置制御周期は1 msであり，カメラ映像のフレームレートは30 fpsである．この制御システム構成によりKOBIANは，時々刻々と移動する視標に対して，眼・首・体幹の動作および二足歩行により追従できる．

　KOBIANの改良機KOBIAN-Rでは部分的に分散制御方式を導入し，集中制御方式と分散制御方式のハイブリッド構成となっている（図10・10）．KOBIANでは顔面部に7自由度を搭載していたが，KOBIAN-Rでは24自由度になり，17自由度が増加した．これによりI/Oボードの1枚追加でも足りなくなった．また，KOBIANでは顔面7自由度分のモータドライバを頭部に搭載していたが，体積がかさばり，不格好な後頭部形状となっていた．よって，頭部に24自由度

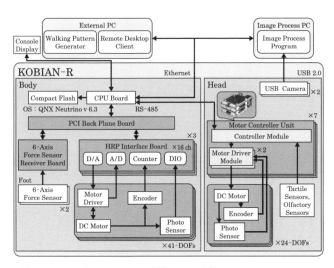

●図10・10　KOBIAN-Rの制御システム構成
　　　　　（画像提供：早稲田大学理工学術院高西淳夫研究室）

分格納可能な，より小型なモータドライバが必要となった．さらに，頭部に搭載する触覚センサや嗅覚センサなどのアナログ信号出力のセンサ情報も処理する必要があった．それらのために，1台につき4自由度を位置制御可能で，8チャンネルのアナログ出力センサを処理可能な，小型モータコントローラユニットを開

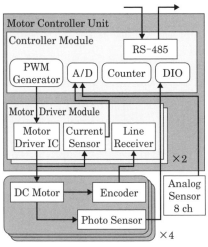

●図10・11　KOBIAN-Rに搭載された小型モータコントローラユニットの外観と制御システム構成（画像提供：早稲田大学理工学術院高西淳夫研究室）

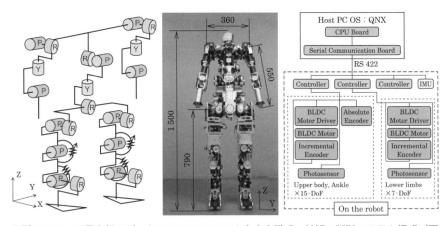

●図10・12　二足走行ロボットWATHLETE-1の自由度構成，外観，制御システム構成（画像提供：早稲田大学理工学術院高西淳夫研究室）

発した（図 10・11）．この小型モータコントローラユニットは計 7 台が頭部に搭載され，上位の制御コンピュータとは RS-485 でデイジーチェーン接続されている．30 ms 周期でモータ実測角度・モータ目標角度・センサ情報を通信する．

　二足走行ロボット WATHLETE-1 は，KOBIAN-R で開発・導入された小型モータコントローラユニットの改良版のみを用いており，つまり完全な分散制御方式によるヒューマノイドロボットである（図 10・12）[11, 12]．上位の制御コンピュータは複数の通信コントローラをもち，一つの通信コントローラに対して部位ごとに 2～3 個のモータコントローラユニットがデイジーチェーン接続されている．通信が並列化されているので，上位の制御コンピュータは全自由度に対して 10 ms の周期で目標角度を送信できる．

③ 制御ソフトウェアの基本設計

Basic Design of Control Software

　ロボットの機械ハードウェアや制御システムがあっても，ロボット全身の運動を制御するソフトウェアがなければ，ただの置物である．ここまで見てきたヒューマノイドロボットは，各モータの位置（角度）を制御する処理，ロボットの姿勢や地面と足裏面との接触状態を制御する処理，視覚などの感覚入力に対する反射・反応行動を制御する処理など[31]，階層化された運動制御構造をもつ．これら各処理は 1 回のみ実行されて終わりではなく，それぞれ決められた一定の時間周期で繰り返し実行される必要があり，その時間周期のことを制御周期と呼ぶ．つまり，ロボットを制御するソフトウェアは，位置制御などの一定時間周期の繰返し実行単位を一つ以上もった構造となる．

　複数の制御周期をもつロボット制御ソフトウェアをプログラミングする際に最も単純な実装方法は，最短の制御周期ごとに実行される一つの繰返し文[32]の中にまずは最短制御周期の処理を書き，さらに最短制御周期の整数倍周期ごとに，

Note

[31] 他にも，ロボット制御ソフトウェアを操作する者（オペレータ）への情報提示処理や，オペレータのキーボードやマウス入力に対する処理などが挙げられる．

[32] C/C++言語においては，for 文，while 文，do-while 文．

[11] 人間のダイナミックな動作を模擬する 2 足ロボットの開発：http://www.takanishi.mech.waseda.ac.jp/top/research/running/index_j.htm

[12] T. Otani, K. Hashimoto, S. Miyamae, H. Ueta, A. Natsuhara, M. Sakaguchi, Y. Kawakami, H.-O. Lim, and A. Takanishi：Upper-Body Control and Mechanism of Humanoids to Compensate for Angular Momentum in the Yaw Direction Based on Human Running, Applied Sciences, Vol. 8, No. 1, 44 (2018)

より長い制御周期の処理を書くことであろう．しかし，この方法では，プログラム構造の見通しが悪くなり，開発容易性・メンテナンス性に劣る．また，例えば最短制御周期をモータ位置制御の 1 ms としたときに，カメラ画像取得のように数 ms の比較的長い時間を要する処理がある場合，数十回（数十 ms）に一度の頻度でモータ制御周期が守られないことになり，8.3 節で紹介した実時間制御が成立しなくなってしまう．よって，複数の制御周期による繰返し処理を，それぞれの制御周期ごとに分割した繰返し文によりコーディングしたプログラム構造が必要である．

　複数の制御周期による繰返し処理を一つのプログラム（プロセス）単位にコーディングするにはマルチスレッドを用いる．スレッドとは CPU のプログラム実行経路の単位であり，一つのプロセス内で複数のスレッドを用いることで，複数の処理を同時並行に実行させることができる[†33]．よって，モータ制御が 1 ms 周期で繰り返されるスレッド，カメラ画像の取得および画像処理が数十 ms 周期で繰り返されるスレッド，オペレータへの情報提示が数十〜百 ms 周期で繰り返されるスレッド……というふうに，それぞれの周期ごとにスレッドを分けておくとよい．また，各スレッドに対して実行の優先度（スケジューリング優先度）を設定できるので，リアルタイム性への要求が強いモータ制御のスレッドの優先度を高く設定することで，実時間制御を成立させることができる．このようなマルチスレッドの制御ソフトウェア開発においては，次章で紹介する UML のシーケンス図などを用いて設計するとよい．

　モータ制御に用いるコンピュータの OS および CPU によっては，同じコンピュータにカメラ画像処理などの処理を担わせることが困難となる場合がある[†34]．そのようなケースでは，別のコンピュータでその処理を実行させればよい．このような構成では，各コンピュータ間で各プロセスが通信する必要がある．マルチタスク OS 間の通信には Ethernet や Wi-Fi を介した TCP 通信や UDP 通信が使われることが多い．これらの通信処理は Socket を用いてプログラミングすることができるが，アプリケーションレベルの通信プロトコルを自分で設計するのは開発コストが大きい．そこで，OS が提供する比較的下位の通信プロトコル層と，ロボット開発者が注力すべき比較的上位のアプリケーション処理の間，

つまり中間層となるさまざまな通信関連の処理を肩代わりしてくれる通信ミドルウェアを用いると，開発効率が良くなる．特にロボット分野においては，ROS/ROS2，RTM ミドルウェア，ORiN，OROCOS，YARP，RSNP などの通信ミドルウェアがよく使われる[†35]．

　ロボットを制御するソフトウェアと一口にいっても，担うべき処理への時間的要求，機能的要求や機能自体の違いによって，さまざまなスレッド，プロセス，コンピュータに分かれることになるので，実際にはロボット制御ソフトウェア群となる．よって，各処理が果たすべき機能および利用可能なコンピュータ資源に基づき，制御ソフトウェア群を適切にモジュール化し，結合・統合させる，全体のソフトウェアアーキテクチャから設計するとよい．そのうえでモジュールごとに基本設計，詳細設計，コーディング，テストなどを行う．特に二足歩行ロボットについては，歩行を含めた全身運動パターンの生成や外乱に対する安定化制御などがロボット制御ソフトウェアの本質的機能となり，また，その運動理論や制御手法の理解・分析・設計・実装が難しい．興味のある読者は文献 [5]，[13]，[14] を参照されたい．

1 ○
2 ○
3 ○
4 ○
5 ○
6 ○
7 ○
8 ○
9 ○
10 ●
11 ○

Note

†33　現代的な多くの OS において，複数のプロセスを同時並行に実行でき，また，一つのプロセス内で複数のスレッドを同時並行に実行できる．前者をマルチプロセスないしはマルチタスク，後者をマルチスレッドという．前者に対する後者の利点として，スレッド間でのメモリ共有がしやすいこと，実行プロセスの切替よりも実行スレッド切替の方が高速であることなどが挙げられる．また，複数の CPU コアを備える CPU のことをマルチコア CPU という．一つの CPU コアでは，厳密には，ある瞬間には一つの命令しか実行できない．同時並行とは，命令が実行されるスレッドないしタスクが実際には高速で切り替わり，並列に実行しているように見えることを意味する．CPU コアにおいて，実行される各プロセス・各スレッドが実際にどのように切り替わるのかについては，各自調べること．

†34　例えば，モータ制御用コンピュータの OS としてリアルタイム OS を選択したとき，使いたい画像処理ライブラリがその OS に対応していない場合や，モータ制御用コンピュータの CPU がモータ制御を実行するのに多大な CPU 時間を使ってしまい，画像処理を実行するのに十分な CPU 時間が残っていない場合などが考えられる．

†35　これらは純粋な通信ミドルウェアだったり，通信を含むロボット関連プログラムの開発プラットフォームだったり，通信プロトコルや API の規格だったりするが，本文では通信ミドルウェアと一括りにまとめている．

[13]　金岡克弥　編著『あのスーパーロボットはどう動く ―スパロボで学ぶロボット制御工学―』，日刊工業新聞社（2010）

[14]　梶田秀司　編著『ヒューマノイドロボット（改訂 2 版）』，オーム社（2020）

10.4　自動車開発

A Development in Automotive Industry

　2020年代の現在，自動車産業は100年に一度の大変革の時期といわれている．運転支援情報のネットワーク化（Connected），自動運転（Autonomous），カーシェアリングとサービス（Shared & Services），電動化（Electrification）の頭文字からCASE[†36]と呼ばれる技術革新が，自動車とその産業を大きく変えようとしている．これらの技術革新は，センサによる検出と制御演算・情報処理，駆動力やアクチュエータの制御というメカトロニクスの領域が支えており，これまで以上に自動車産業におけるメカトロニクスの重要性が高まっている．

　自動車の歴史では，電気自動車がガソリンエンジンの自動車よりも早く誕生し，1900年前後には多くの電気自動車が造られていた．モータとバッテリーは当時既に誕生しており，構成要素が少なく，スイッチの切替えで前進・後進も操作できるなど，黎明期のガソリンエンジン自動車よりも使いやすさでも優れていた．その後，エンジンの改良が進み，自動車の主流はガソリンエンジン，ディーゼルエンジンとなった．

　エンジン駆動の自動車でも，燃焼・排気・駆動力の制御にもマイコンが用いられたメカトロニクスが多いに用いられている．地球温暖化への対策・燃費改善のために，1990年代後半から，エンジンのみではなく電動モータも用いたハイブリッドシステムが普及し，ハイブリッド電気自動車の開発には，エンジンによる駆動や発電とモータ駆動の協調も含めたシステム設計と制御開発が求められる．2010年代からは電動モータのみで駆動する電気自動車が本格的に市場投入され，車種・台数が拡大している．電気自動車では，充電システム，バッテリーの残存容量・航続距離の推定などのシステムと制御開発が必要となっている．図10・13（a）に示すハイブリッド電気自動車である日産自動車のe-POWERは，走行を電動モータのみとし，エンジンを発電に専念させることで電気自動車と同様なスムーズな走行と静粛性を実現している．図10・13（b）の電気自動車の日産ARIYAは，大容量のバッテリーを床下に搭載し，長い航続距離と広い室内空間を両立させている．

(a) ハイブリッド電気自動車

(b) 電気自動車

●図 10・13　電動モータで駆動する車両

1 自動車と制御

Control Development for Vehicles

　自動車の使用シーンをイメージすると，「ドアのキーをリモコンで開ける」，「スタートボタンで自動車のシステムを起動する」，「ライトをオン」，「シフトをドライブに切り換える」，「アクセルを踏んで加速させる」，これらの操作は **ECU**（Electronic Control Unit）と呼ばれる制御ユニットでの制御演算によって実現されている．それぞれの操作を入力とするためのセンサからの情報を ECU の入力とし，ECU 内部の CPU が制御演算を行い，モータやソレノイドなどのアクチュエータを動作させる．このような ECU が自動車には多数搭載され，その数は多い車両では 1 台に CPU が 100 個以上も用いられている．これらの ECU は自動車内で **CAN**（Controller Area Network）により接続されている．自動車のECU は，制御により求められる機能を実現することのほかに，状況に応じて出力を制限することや，センサの異常時に安全な状態に遷移させることなどの保護機能が実装されている．さまざまな環境やユーザが操作することを考え，保護や安全を考えた制御が自動車での制御設計では重要となる．

　自動車会社によって開発体制はさまざまであるが，共通する開発の流れを図10・14 の V 字のプロセスとして示す．自動車の製品としての企画では，投入する市場，ターゲットとする顧客像から，車格や使用用途などから車両の主な性能，機能を要求仕様として定めていく．それらから，自動車を構成する各システムと

> ### Note
> †36　CASE はケースと読む．自動車会社によって，A を Automated，E を Electric と称するなどの差はあるが，同じ意味の言葉である．

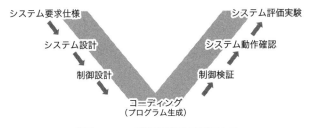

●図 10·14　制御開発の V プロセス

しての仕様設計が行われる.

例えば, パワートレインの性能としての駆動トルク, 最大出力などが, 登坂や高速, 温度や標高など, どのような使用条件・環境条件で必要となるかを設計する.

V の左半分のプロセスでは, 車両としての要求仕様を実現するための複数の機能を関連させたシステム設計を行う. システムはさらに詳細な仕様, 機能としてまとめられ, それぞれの機能を実現する制御設計を行い, そのうえで, CPU に実装するソフトウェアを設計する. 近年では, ソフトウェア設計を C 言語などのプログラムを設計者が入力するのではなく, MATLAB/Simulink を用いたモデルで設計・作成し, そのモデルから C 言語のプログラムを自動生成するツールを用いる設計方法が用いられている. 設計時にもモデルを用いて動作検証をすることも可能であり, 視覚的にもわかりやすいモデルを設計者間や会社間で用いることで, 制御開発の効率を高めることができる. このようなモデルを用いた開発体制は **MBD**（Model Based Development）と呼ばれている. モデルをもとにプログラムが自動生成されるといっても, その出力結果を理解するためには, C 言語などのプログラミングの知識と経験が必要となる.

V プロセスの右半分は評価実験を示しており, それぞれの階層に相当する評価を行う. まず, コーディングされたプログラムを ECU に書き込み, 実装された制御が意図したどおりに動作するかを検証する. この検証は車両のさまざまな機能を模擬する実験装置の HILS（Hardware In the Loop Simulation）を用いることで, 机上でも制御検証を行える. 制御としての動作が確認された後, 実験ベンチや実車両を用いた関連する他のシステムも含めた動作確認を行い, その後に, 実車両での実験からパラメータのチューニングなどを行って, システムとしての

要求仕様を満足させる.

② 電気自動車の構成

　電気自動車は，バッテリーに蓄えられたエネルギーを用いて電動モータで走行に必要な駆動力を発生させる．多くの電気自動車は高効率な交流モータである永久磁石を用いた同期モータ（IPM 同期モータについては 4.2 節 2 項を参照）を採用しており，直流のバッテリー電圧から交流モータに必要な交流電圧を供給・制御するためにインバータが用いられる．

　図 10・15（a）は一般的な電気自動車の高電圧機器の接続を示した構成図であり，車両の駆動力に相当する大きな電力を用いる回路は 300〜400 V の高電圧システムとして構成される．外部の AC（Alternative Current, 交流）電源からバッテリーを充電する充電器は，電源の交流を直流に変換し，バッテリーの充電状態 SOC（State of Charge）と電圧や温度に応じて，充電電流を制御する．このほかに，高電圧システムに接続される機器として，数 kW の出力が必要な電動エアコンや電気ヒータ，また，従来の自動車と同様な低電圧 12 V はライトやカーナビ，各 ECU の電源として用いられるため，DC-DC コンバータを用いて高電圧バッテリーから 12 V を供給する．制御 ECU が 12 V 電源で動作するため，高電圧システムと DC-DC コンバータが起動する前は，従来の自動車と同じく 12

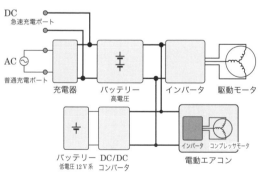

(a)　電気自動車の高電圧システム構成図　　　(b)　日産リーフの機電一体ユニット

●図 10・15　電気自動車の高電圧システム

Vバッテリーによって制御ECUへの電源供給を行っている．図10·15（b）は日産リーフのモータ・インバータを一体構造とした機電一体の駆動ユニットのカットモデルを示しており，最上部には充電器とDC-DCコンバータも一体とした構造になっている．

　外部のAC電源を用いる3～6 kWでの普通充電を用いると，60 kWhの充電を行うためには10時間以上を要するが，駐車している夜の間には十分な充電時間を確保できる．一方で，高速道路などでの移動先での短時間での充電のため，DC（Direct Current，直流）による急速充電も用意されている．急速充電は，図10·16に示すような充電器を地上のインフラとして備え，電気自動車からの充電指令に基づいて，急速充電器の充電電流が制御される．電気自動車のバッテリーが大容量化されてきたのに伴い，急速充電器も大出力化に向けての開発と普及が進んでいる．

●図10·16　電気自動車と急速充電器

③ 電気自動車の制御開発

Control Development for Electric Vehicles

　電気自動車の高電圧システムは前述の図10·15に示すように，複数の機器が接続されており，それぞれの中に制御用CPUが搭載されている．電気自動車の制御では，個々の機器の中で動作する制御のほかに，高電圧機器の動作指令を行う車両統合コントローラが，CANを通じて各高電圧機器の情報を取得し，アクセルの指令やその他のECUからの情報をもとに，高電圧機器全体への制御演算

を行う．図 10・17 は，アクセルを踏み込んだときにモータがトルクを発揮するまでの各コントローラの関係を示したものである．アクセルの角度が信号車両統合コントローラに入力され，また，バッテリーの SOC，電圧の情報をもとに，車両統合コントローラがモータトルク指令を演算する．トルク指令は CAN を通じてモータコントローラへ与えられ，検出したモータの電流，回転位置信号をもとに電流フィードバック制御が演算され，インバータを駆動する PWM 信号を生成する．もし，モータの温度が高い場合にはモータの出力を制限させ，それらの情報は CAN へ伝え，車両統合コントローラは車両のディスプレイにその情報を出力させる表示制御を行う．

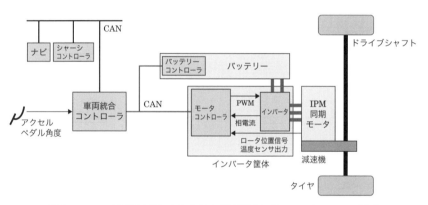

●図 10・17 車両加速時にかかわる高電圧機器とそのコントローラの構成

④ 電気自動車のモータ制御

Motor Control for Electric Vehicles

　電気自動車の駆動モータの主流は IPM 同期モータであり，モータ電流のベクトル制御（4.2 節 2 項）によりモータトルクを制御する．図 10・18 (a) のように，車両の前進時にモータトルクを正とすれば，バッテリーは電力を供給し放電され，モータは正の出力を発生させる．モータのトルクを負に制御すると，モータトルクによって車両は減速し，ブレーキ動作が可能となり，モータの負の出力はバッテリーを再び充電することができる．このモータによるブレーキを回生ブレーキと呼び，回生ブレーキは電気自動車やハイブリッド電気自動車がエネルギー効率

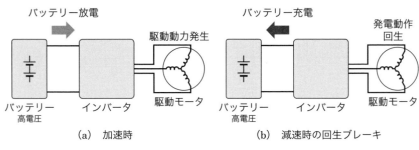

(a) 加速時   (b) 減速時の回生ブレーキ

●図 10・18 電気自動車の加速・減速時のエネルギーフロー

を高められる理由の一つである.

　モータ電流制御は 5 kHz などでの電流フィードバック制御が行われ，そのトルク応答も ms のオーダでの高速なトルク応答が実現可能である. 電気自動車では，この高速なトルク応答を用いることができるが，モータとタイヤ間のドライブシャフトがねじりによる共振をもつため，単純に一定トルクをステップ指令のように与えると，図 10・19 のように車両駆動力は 10 Hz 程度の激しい振動を生じる. このような課題に対して，制御対象をモデル化し，共振を打ち消すフィードフォワード制御と，モデル化誤差を補償するフィードバック制御の制振制御によって，振動のないスムーズかつ高速なトルク応答を実現させた電気自動車やハイブリッド電気自動車がある[15]. このように電動モータを用いた車両は，高効率による地球環境問題への対策としてだけでなく，電動モータの制御性の良さを活かした，心地よく，扱いやすい自動車を実現することに貢献している.

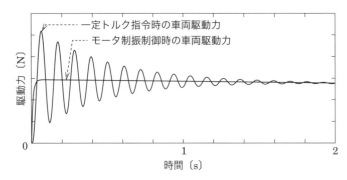

●図 10・19 一定トルク時と制振制御時の車両駆動力のシミュレーション例

理解度 Check

☑無限の可能性がある環境から作業に関係する情報のみを自律的に取り出すという，人間にとっては難しくない知覚をロボットに実現するためには，フレーム問題を解決しなければいけない．

☑構造化された環境のなかで機能するロボットの典型的な上位システムの役割は，所望の作業を実現するための参照軌道を生成することである．

☑環境や社会などから要求される拘束条件を満足したうえで，複合的な技術領域を統合してシステム全体を最適設計することを"システムインテグレーション"という．

☑メカトロニクス製品は，幅広い分野のいくつもの技術を集結させたものであり，さまざまな制約条件のもとで所望の仕様を満足するように統合的に設計しなくてはならない．まさに"システムインテグレーション"の代表例である．

☑メカトロニクス製品に対し，「満たして欲しい」条件は"要求"といわれ，一方「満たさなくてはならない」条件は"拘束"と呼ばれる．しかし，要求も拘束も，工学的見地からは本質的に同じで，メカトロニクス製品の性能を規定する条件である．

Note

[15] 大野，澤田，小松，藤原，中島，「モータ制御によるバックラッシュ振動の抑制」，日産技報，No. 82，pp. 23-29，2018

Training　　　　　　　　　　　　演 習 問 題

●●●●

1 散らかった部屋の中にある椅子を見つけ，そこに座る作業をロボットに行わせるためのアルゴリズムを考えてみよう．

2 スカラ型ロボットは一般に図 10·4 のような構成となるが，なぜ "Selective Compliance" といわれるのか考えよ．

3 特異点（式（10·6）参照）の定性的な意味を説明せよ．

4 ガソリン車，ハイブリッド車，電気自動車の特徴を考え，それぞれの強みと弱みを整理せよ．

UML とシステム開発

学習のPoint

　ここまでの解説からわかるように，メカトロニクス技術は機械，電気・電子，情報，制御などさまざまな基盤要素技術のもとに成り立っている．これらの技術を融合してロボットや自動車などメカトロニクス製品を完成するには，専門分野の異なる技術者が目的意識や技術情報を共有して作業することが必要である．そこで重要なのが「モデル」である．例えば制御工学で用いられる伝達関数や微分方程式などの数学モデルは制御系の設計・解析を行う技術者と厳密な論理を追及する数学者をつないでいる．そのおかげで技術者は煩わしい数学的思考を経ることなく安定性解析や最適制御系設計などが行え，数学者は現実世界にどのような技術的問題があるのかを知ることができる．このようにモデルは「もの」にかかわる利用者や技術者などの情報共有を可能にする．

　本章では多様な目的に使用できるモデルとして近年広く普及しているUML（統一モデリング言語：Unified Modeling Language）について学習する．

11.1　UML とは

　UML は 1997 年に標準化団体 OMG（Object Management Group）によって認定されたソフトウェア開発のためのメタ言語である．すなわち，C 言語や機械語のようなプログラミング言語ではなく，「もの」にかかわる利用者や製作者間の意思疎通を図ることが目的である．それまで 50 以上乱立していたメタ言語の統一版として，13 種類の図と厳密な文法から構成されている．しかし，その使用方法には柔軟性があり，一部の機能だけ，あるいは他の図や文書と併用するなどして，現在ではソフトウェア開発だけではなくさまざまな分野のものづくりの現場で使用されている．特にメカトロニクスのように複数要素の融合技術においては有用である．

　図 11·1 は UML で定義されている各種の図の関係をクラス図で表現したものである．各 □ はクラスと呼ばれる要素であり UML を頂点とした木構造になっている．矢印 ◁── は「汎化」を意味する記号で，「A ◁── B」は「A は B の総称である」や「B は A の具体例である」のように読むことができる．例えば図 11·1 の場合には「構造図には 6 種類の図がある」や「クラス図から配置図

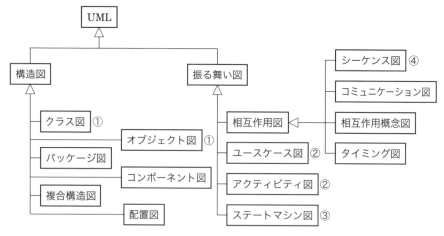

●図 11·1　UML では 13 種類の図が定義されている

までの 6 つの図を構造図と総称する」と読むことができる.

この木構造の葉にあたるクラスと「相互作用図」を合わせて 13 種類の図があることがわかる. クラス図から配置図までの 6 つの図は構造図, それ以外は振る舞い図と総称される. 各図にはそれぞれ表現の目的と厳密な文法規則があり, その特徴を理解して使いこなすことにより利用者の視点や製作者の視点などから互いに共有したい情報を盛り込んだ表現が可能である. UML の規約は柔軟で, これら 13 種類の図すべてを用いることは求めておらず, 必要に応じてこれ以外の図の追加使用も認めている. 以下では, 図 11・1 に示す ①〜④ の頻繁に利用されるいくつかの図の基本的な特徴について紹介する. 本文中で使用した図は ChangeVision 社[†1] の astah* professional® を使用した例である.

❶ ユースケース図とアクティビティ図
Use Case and Activity Diagram

利用者の視点から全体の振る舞いを表現するために, ユースケース図とアクティビティ図がある. ユースケース図の目的は, 製品の機能を列挙して実現すべ

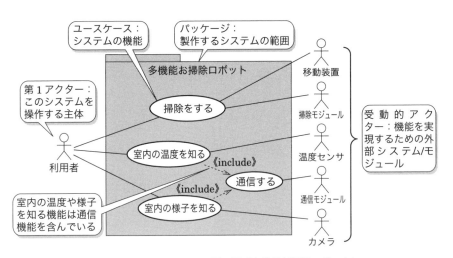

●図 11・2　ユースケース図の例（多機能お掃除ロボット）

Note

†1　ChangeVision 社　https://astah.change-vision.com/

きシステムの全体像と製作すべき部分を明示することである．図 11・2 は温度センサやカメラを使ったモニタリング機能と通信機能を付加したお掃除ロボットを実現するためのユースケース図の例である．

🧍 はアクターと呼ばれ，機能実現のために使用する外部のシステムである．人の形をしているが，図に示すようにセンサやカメラなど外部システム一般を意味する． (ユースケース名) はアクターが利用できるシステムの機能を表すユースケースであり，楕円のなかには「〜する」のようにシステムの機能を書く．

ユースケース図が機能に着目した図であるのに対して，アクティビティ図は利用手順に焦点を当てた図である．図 11・3 は料理のレシピの例であるが，各記号はそれぞれ (ごはんにのせる) アクション，✖ ジョイント，▬ フォーク，● 開始，◉ 終了を意味するノードである．フローチャートによく似ているが，ジョイント/フォークを用いて並列処理を表現することができる．たとえば，最上位のフォークノードの下の「玉ねぎを切る」と「肉に衣をつける」はどちらを先にやっても結果は変わらない．つまり，並列の関係を表している．

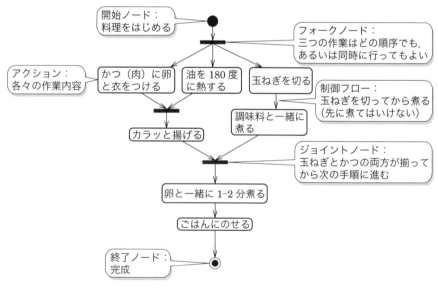

●図 11・3　アクティビティ図の例（かつ丼の作り方）

2 クラス図とオブジェクト図

Class and Object Diagram

「クラス」,「オブジェクト」および「関係」はオブジェクト指向言語のなかで最も重要な概念である.すなわち,システムを構成要素群の相互作用による機能発現の仕組みと考えたときに,要素が「オブジェクト」,要素間の相互作用が「関係」に対応する.このようなシステムの捉え方はソフトウェア開発のみならず,電子機械システム,メカトロニクス,社会システムなど広く適用することが可能である.「クラス」はオブジェクトを一般化した概念で,対象とするシステムを特定せずに同じ特徴をもったシステムすべてに対して議論するときに使用する.

クラスやオブジェクトは名前,属性,メソッドの三つの要素の組で表現される.図 11・4 では,インクの色,長さ,太さ,重さなどの属性をもち,「書く」,「芯

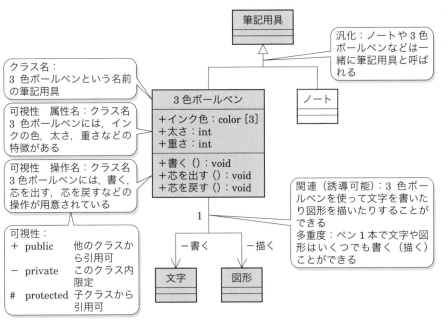

●図 11・4 クラス図の例(筆記用具)

Note

を出す」,「芯を戻す」などのメソッドをもつ3色ボールペンという名前のクラスが定義されている.属性やメソッドはそれぞれ {可視性,名前,クラス名} の三つのフィールドをもっている.可視性フィールドの＋記号は public, つまり他のどのクラスからも参照可能であることを意味する.メソッドの名前には属性の名前と区別するために関数記号の（　）が付されている.

クラス図がものの集合とその関係を表現するのに対してオブジェクト図は具体的な実体とその関係を表現する.先の例で3色ボールペンを A 社の B 製品で,インクの色＝［黒,赤,青］のように特定するとオブジェクト図になる.オブジェクト図の場合には名前にアンダーラインを付して区別する.ここでは具体的な表記例は省略する.

各オブジェクトやクラスは相互に関係をもっているが,UML では表 11・1 のような記号が用意されている.例えば,「メカトロニクスは電気,機械,情報,制御の 4 分野からなる」という様子は図 11・5 のように表される.

■表 11・1　クラス図で使用される関係の記号

記号	名称	記号	名称
———	関連	◁———	汎化
◆———	コンポジション	◁·········	実現
◇———	集約	◁·········	依存

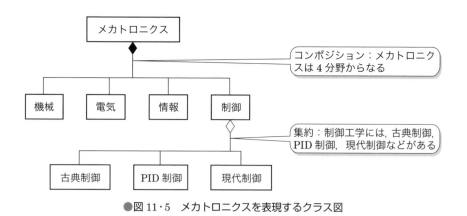

●図 11・5　メカトロニクスを表現するクラス図

❸ ステートマシン図

　ステートマシン図はシステムの状態遷移を表現する図であり，動的システムを扱うメカトロニクスエンジニアにとっては特に重要である．図11・6は自動販売機の状態遷移の一般的な例を表している．● の開始ノードから始まり，そして「硬貨投入受付モード」に遷移する．状態遷移は矢印 ──▷ で表されるが，その上に「トリガー［ガード］/作用」が記入されている．硬貨投入受付モードでは硬貨投入とおつりボタンの2種類の操作が許可されており，投入金額が商品価格以上になると商品選択モードに移行する．

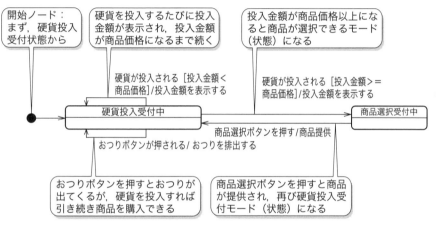

●図 11・6　ステートマシン図の例（自動販売機）

❹ シーケンス図

　図11・7は喫茶店でコーヒーを注文する際の客とカウンター，厨房間でのメッセージのやり取りを表現したシーケンス図である．客は希望する商品の有無を確認し，入手可能であることを確認してから注文して支払いを行い，商品と領収書を入手する．カウンターや厨房でどのように作業が進んでいるのかが一目瞭然である．

Note

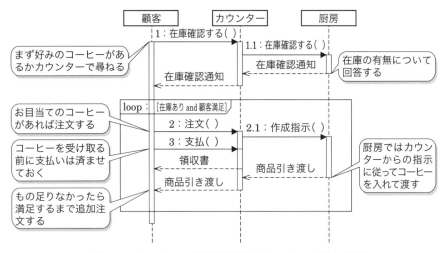

●図 11・7　シーケンス図の例（喫茶店でコーヒーを注文する）

(図中の数字は，動作順を表す)

11.2　組込みシステムの開発事例

Applications

　ここまでの説明からわかるように，UML は主として業務系の情報システムの設計・製作に主として用いられている．しかし，その利用価値は広範に渡り，リアルタイム性を要する制御工学分野やメカトロニクス分野にも用いられている．多くの生産開発現場ではいまだに分野に応じて独自の形式でシステムの仕様を記述しているが，近年その標準化の動きとして SysML が注目されている[5]．

　図 11・8 は UML の普及を目的の一つとして始められたロボットコンテストに用いられた倒立振子型のロボットである．コンテストではこのロボットを障害物が配置されたコース上でライントレースカーとして自律的に走らせ，難所（障害）クリアと完走時間を競う．組込みシステム，特に UML を使ったソフトウェア開発手法を楽しみながら修得できる絶好の機会である．残念ながら本学のチームは競技では記録を残せなかったが，参加した学生の得たものは非常に多かった．

　自律的に難所をクリアしながらロボットを走行させるには，その制御システムに，センシング＋状況判断＋モータ操作を適切に行うためのプログラムを組み込

●図 11・8　ロボットコンテストに用いた倒立振子型自律走行ロボット
（ET ロボコン 2011，「電大ロボメカ」チーム）

む必要がある．競技会には厳格な規定があるとはいえ，競技当日の路面の状態や
競技会場の照明の状況，電池やモータの消耗具合など，その振舞いは多くの不確
定要素の影響を受ける．あらゆる状況を想定し目的を達成できるアルゴリズムを
実現する必要があり，そのプログラミングは必然的に複雑な作業となる．

　UML はこのような状況で威力を発揮する道具の一つである．図 11・9 は競技
会に審査用として提出した UML 図の一部である．オブジェクト指向の基本であ
る「機能」「構造」「振舞い」の 3 点に加え「制御工学」の観点からの説明図を
付加し，チームメンバー間の完成イメージの統一と審査員へのアイデアの説明に
システムの設計図として威力を発揮した．詳細については紙面の都合上省略する
が，UML の利用価値は非常に高いことを実感する事例である．

Note

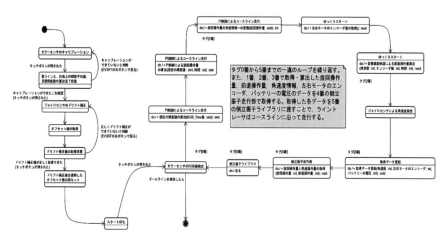

●図 11・9　UML によるソフトウェア開発の例：ステートマシン図による振舞いモデル
（ET ロボコン 2019,「電大ロボメカ」チーム提出資料より）

　以上，本章では，UML の概略を説明した．詳細については OMG の HP［1］を参照されたい．また，UML の技能検定［2］も紹介する．入門書や専用エディタについては［3］［4］など多数存在するので，目的に応じて利用されることをすすめる．

理解度 Check

☐ モデルとは，専門分野の異なる技術者が目的意識や技術情報を共有するための表現手段や思考の道具である．

☐ UML は 1997 年に標準化団体 OMG（Object Management Group）によって認定された統一モデリング言語 Unified Modeling Language の略である．

☐ UML には 13 種類の図が定義されているが，「構造」に関する図と「振る舞い」に関する図に分類できる．

☐ 構造に関する図は，クラス図，オブジェクト図，配置図などがある．

☐ 振る舞いに関する図には，ユースケース図，アクティビティ図，シーケンス図，ステートマシン図などがある．

☐ UML はオブジェクト指向言語のプログラミングを目的に提案されたが，近年ではハードウェアや人間・環境・社会などを対象にしたより広範なシステムの解析・設計にも利用されている．

☐ リアルタイム性を要求される制御工学やメカトロニクス，ロボティクス分野においても，多数利用されている．

1 ○
2 ○
3 ○
4 ○
5 ○
6 ○
7 ○
8 ○
9 ○
10 ○
11

Note

[1] OMG：オブジェクトモデリング標準化団体　http://www.omg.org/
[2] UMTP UML モデリング技能認定試験，http://it.prometric-jp.com/testlist/umtp/
[3] 竹政ほか著：『かんたん UML 入門［改訂 2 版］』技術評論社，2017 年
[4] ChangeVison 社　https://astah.change-vision.com/
[5] サンフォード・フリーデンタール，アラン・ムーア，リック・スタイナー著：『システムズモデリング言語 SysML』，西村秀和監訳，東京電機大学出版局，2012 年

Training　　　　　演習問題
●●●●

1 計算機プログラミングの講義・演習で扱ったサンプルプログラムから五つを選択し，その「構造」と「振る舞い」を UML で表現せよ．

2 自分で作れる料理を一つ選択し，その作り方（レシピ）をシーケンス図またはアクティビティ図を使って表現せよ．

3 身近な家庭電化製品，情報通信装置（携帯電話など），パソコンについて，機能についてはユースケース図で，使用方法についてはアクティビティ図を描いて説明せよ．

4 近隣のエレベータの動作をステートマシン図で表現し説明せよ．

5 アクティビティ図とフローチャートの共通点および相違点に着目し，それぞれの長所と欠点を表にまとめよ．

Ａnswer 演習問題の解答

●●●●

2 章

1 省略.

2 省略.

3 微分演習のラプラス変換 $\int_0^\infty \frac{d}{dt}f(t)e^{-st}dt = sF(s) - f(0)$ より, $s \to 0$ のとき

$$\int_0^\infty \frac{d}{dt}f(t)dt = \lim_{s \to 0} sF(s) - f(0) \text{ となるから} \lim_{t \to \infty} f(t) = \lim_{s \to 0} sF(s)$$

$s \to \infty$ のとき積分区間が $[0, \infty)$ であることに注意すると

$$0 = \lim_{s \to \infty} sF(s) - f(0) \text{ となるから} \lim_{s \to \infty} sF(s) = f(0)$$

4 対象システムの微分方程式は $RC\dot{y} + y = u$ となる. これをラプラス変換すると

$$Y(s) = \frac{1}{1 + sRC} \cdot U(s)$$

インパルス入力のラプラス変換は $U(s) = 1$ であるから

$$Y(s) = \frac{1}{1 + sRC}$$

よって, $y(t) = \frac{1}{RC} e^{-\frac{1}{RC}t}$

ステップ入力のラプラス変換は, $U(s) = \frac{1}{s}$ より

$$Y(s) = \frac{1}{s(1 + sRC)} = \frac{1}{s} + \frac{RC}{1 + sRC}$$

よって, $y(t) = 1 - e^{-\frac{1}{RC}t}$

5 $F(s) = \frac{s+1}{(s+1)^2 + 4}$ より, $f(t) = e^{-t}\cos 2t$

6 式 $(2 \cdot 30)$ において, $s\Delta \to 0$ とすると, 分子: $(1 - e^{-s\Delta}) \to 0$, 分母: $(s\Delta) \to 0$ となるので, 分子・分母を $s\Delta$ に関して微分してから極限をとる. すると, ロピタルの定理から $\lim_{\Delta \to 0} \frac{1 - e^{-(s\Delta)}}{s\Delta} = \lim_{(s\Delta) \to 0} \frac{e^{-(s\Delta)}}{1} = 1$ となるので, インパルス関数 $\delta(t)$ のラプラス変換は式 $(2 \cdot 30)$ の極限より, $\mathcal{L}[\delta(t)] = 1$ となる.

7 $y_S(t)=L^{-1}\left[\dfrac{1}{s(s+\alpha)}\right]=L^{-1}\left[\dfrac{1}{\alpha}\left(\dfrac{1}{s}-\dfrac{1}{s+\alpha}\right)\right]=\dfrac{1}{\alpha}(1-e^{-\alpha t})$ より，$K=$

$y_S(\infty)=\dfrac{1}{\alpha}$，また $e^{-\alpha T}=e^{-1}$ より，$T=\dfrac{1}{\alpha}$

3章

1 人間は道路を歩くときには行き先が決まっていることが多い．その場合には，目的地および現在位置に関する大まかな位置・方向・距離といった情報（大局的情報），および周辺環境の目印・障害物に関する情報（局所的情報）が必要となる．このことから類推して，ロボットには，大局的情報を得るためのセンサと，局所的情報を得るためのセンサが必要となる．前者としては，現在位置を得ることのできる GPS（Global Positioning System）のようなセンサシステムが必要だろう．後者としては，自分がどれだけ進んでいるか計算するための変位センサ，物体との衝突を検知する位置センサや力センサ，転ばないように身体制御するための加速度センサや姿勢センサ，目印や標識を見て認識するためのカメラのような視覚センサや距離センサなどが有用である．

2 自動炊飯器を例にとる．まず炊飯器の，炊きはじめ‒炊き上がり‒保温という時間管理を行うためのタイマシステムが必要である．そして重要なのは，炊飯の状況を検出するための温度センサである．温度センサとしては，ある温度（キューリー点温度）になると導電性が急激に変化するサーミスタを利用しているものがある．

3 電磁波や超音波．電磁波は人間がもっている感覚器では検出できない物理量である．また超音波は音の一種であり，物理量としては人間の感覚器でも検知できる種別であるが，周波数が大きく人間の検出可能範囲を超えている．

4 a) センサに入力する量（信号）にノイズが混入しないよう十分注意する．b) センサの働きを安定させるために，測定環境を整える．例えば，周囲の温度を一定に保ち，振動を遮断するなど．場合によっては冷却して熱によるノイズを低減する．c) ノイズの混入した信号から求める信号成分だけを取り出す手法を考慮する．例えば，信号の周波数範囲を考慮して

フィルタによりノイズ成分を低減する．また，信号の周期性を利用する
ロックインアンプなどを用いる．

5 $\dfrac{3.8\times10^{8}\,〔\mathrm{m}〕}{3.0\times10^{8}\,〔\mathrm{m/s}〕}=1.266\cdots\cong1.3\ \mathrm{s}$

4章

1 ある電流 i が流れている状態の仕事率（$P=E_a i=\omega T$）から考えればよい．

2 逆起電力の影響がないと仮定するので，次のブロック図で考えればよい．

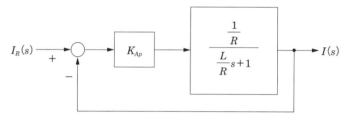

3 以下に三相から二相 $\alpha\beta$ 座標系への変換式の導出を示す．u, v, w の各
相と $\alpha\beta$ 座標系の位置関係を図 4・24 のようにし，各相と各軸の電流成分
をそれぞれ i に相のアルファベットを添え字として用いると

$$i_{\alpha}=\sqrt{\frac{2}{3}}\left[i_u+i_v\cos(2\pi/3)+i_w\cos(4\pi/3)\right]$$

$$i_{\beta}=\sqrt{\frac{2}{3}}\left[i_v\sin(2\pi/3)+i_w\sin(4\pi/3)\right]$$

であるので

$$\begin{bmatrix}i_{\alpha}\\i_{\beta}\end{bmatrix}=\sqrt{\frac{2}{3}}\begin{bmatrix}1&-\dfrac{1}{2}&-\dfrac{1}{2}\\0&\dfrac{\sqrt{3}}{2}&-\dfrac{\sqrt{3}}{2}\end{bmatrix}\begin{bmatrix}i_u\\i_v\\i_w\end{bmatrix}$$

となる．以上と同様に $\alpha\beta$ 座標系から dq 座標系への変換式（今度は θ の
関数となる）を求めればよい．

4 1 Hz の追従特性については回転子および負荷の慣性モーメントや粘性摩
擦により決まるモータの機械的時定数を 100 ms 以下に選べば十分良い応
答性が得られるだろう．コイルのインダクタンスと抵抗により決まるモー

タの電気的時定数は，機械的時定数の10分の1以下程度として5ms程度であればよいだろう．モータの電気的時定数（の逆数）に対してPWM搬送波の周波数が遅い場合は図4·26のようにのこぎり波状の波形になってしまう．一方で，搬送波の周波数を上げるのにも回路の制約がある．通常の産業用モータのPWM搬送波の周波数は0.5kHzから20kHz程度であるが，モータの電気的時定数より10倍以上早く選ぶことが理想的で，ここでは4kHz程度あれば十分である．上記は簡単な目安であり，実際の設計ではより詳細な考察が必要である．

5 観測できない振動モードがかならずしも制御できないとはかぎらない．制御系の可制御性，可観測性について勉強するとよい．

5章

1 省略．

2 コンパイラにはアセンブリ言語プログラムを生成するオプションをもつものがある．C言語プログラムコンパイラgccでは，-Sオプションによってアセンブリ言語プログラムが生成される．

3 1命令語ずつ主記憶装置から取得するのではなく，複数命令語をまとめて取得してCPU内部キャッシュに保存することによって，プログラムの高速実行が可能となる．

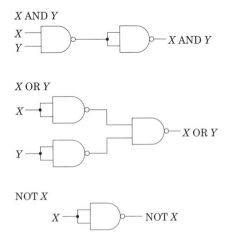

また，命令語の取得動作と命令語の解釈実行を並列化（パイプライン化）することでも高速化が可能である．

4 (1) 00110010　(2) 01101101　(3) 11100101　(4) 10100111

5 NAND 回路によって AND, OR, NOT は前頁の図に示すように構成できる．

6章

1 図 6·4（a）においてクランク A（200 mm）と中間節 D（500 mm）が直線状になったときにできる三角形について $A+D \leqq B+C$（300 mm），およびクランク A と固定リンク B が直線状になった三角形について $A+B \leqq C+D$ となる．したがって，固定リンクの長さは $400 \leqq B \leqq 600$ mm の範囲となる．

2 図 6·7 において 1 段目の減速比は $z_2/z_1 = 60/20$，2 段目は $55/35$，3 段目は $70/20$ である．したがって，歯車列全体としては，各減速比を掛け合わせて，$66/4 = 16.5$ となる．

3 送り速度を速くすると，短時間で加工可能となり切削効率は上がる．しかし，切削速度，切込量および送り速度を上げると切削抵抗が増え，工具の寿命は短くなると同時に，発熱のため工作物が変質することもある．

4 下図を参照.

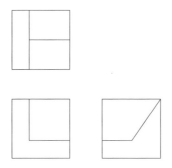

5 ベアリングなどの場合には，プレスの加圧力による「圧入」がよく用いられる．軸径が大きくなると大きなプレス力を要するため，穴側部品を

加熱して膨張により内径を大きくして軸を入れる「焼きばめ」が用いられる.

6 丸棒円形断面に垂直に生じる応力は，式(6・5)より

$$\sigma = \frac{P}{A} = \frac{500}{\dfrac{\pi}{4} \times 10^2} = 6.37\,\text{N/mm}^2 = 6.37\,\text{GPa}$$

炭素鋼の縦弾性係数は**表6・2**より

$$E = 216\,\text{GPa}$$

垂直ひずみは式(6・9)より

$$\varepsilon = \frac{\sigma}{E} = \frac{6.37}{216} = 29.5 \times 10^{-3}$$

一方，垂直ひずみは式(6・6)より $\varepsilon = \Delta l / l$ であるから，軸方向の伸びは

$$\Delta l = \varepsilon l = 29.5 \times 10^{-3} \times 30 = 0.885\,\text{mm}$$

7章

1 バネが発生する力 F_k とダッシュポットが発生する力 F_d は，それぞれ

$$F_k = -k(x-u), \quad F_d = -c(\dot{x}-\dot{u})$$

となるので，$m\ddot{x} = F_k + F_d$ より

$$m\ddot{x} + c\dot{x} + kx = ku + c\dot{u}$$

2
$$m\ddot{x} + c\dot{x} + kx = ku + c\dot{u} \tag{1}$$

新しい変数 z を用いて

$$x := c\dot{z} + kz \tag{2}$$

と定義すると，式(1)は以下のように変形できる.

$$m(c\dddot{z} + k\ddot{z}) + c(c\ddot{z} + k\dot{z}) + k(c\dot{z} + kz) = ku + c\dot{u}$$
$$c(m\dddot{z} + c\ddot{z} + k\dot{z}) + k(m\ddot{z} + c\dot{z} + kz) = c\dot{u} + ku \tag{3}$$

式(3)の両辺の項を比べると

$$u := m\ddot{z} + c\dot{z} + kz \tag{4}$$

とおけることがわかる.つまり，もとの式(1)は式(2)と式(4)に分解できるので，式(2)と式(4)をブロック線図化すると下図のとおりになる.

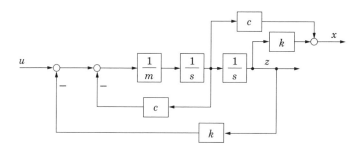

3 $\dfrac{1}{1+P(s)C(s)}$

4 伝達関数 $G_1(s)=\dfrac{1}{s}$ の周波数伝達関数は $G_1(j\omega)=\dfrac{1}{j\omega}\cdot j\omega$ を極座標で表すと $j\omega=\omega e^{j\frac{\pi}{2}}$ となるので

$$G_1(j\omega)=\dfrac{1}{\omega e^{j\frac{\pi}{2}}}=\dfrac{1}{\omega}e^{j\left(-\frac{\pi}{2}\right)}$$

したがって，ゲインは

$$20\log_{10}|G_1(j\omega)|=20\log_{10}\dfrac{1}{\omega}=-20\log_{10}\omega\,(\mathrm{dB})$$

位相は

$$\angle G_1(j\omega)=-\dfrac{\pi}{2}\,(\mathrm{rad})=-90°$$

伝達関数 $G_2(s)=\dfrac{1}{Ts+1}$ の周波数伝達関数 $G_2(j\omega)$ は

$$G_2(j\omega)=\dfrac{1}{jT\omega+1}$$

$jT\omega+1$ を極座標で表すと

$$jT\omega+1=\sqrt{T^2\omega^2+1}\;e^{j\tan^{-1}T\omega}$$

$$G_2(j\omega)=\dfrac{1}{jT\omega+1}$$

$$=\dfrac{1}{\sqrt{T^2\omega^2+1}}\;e^{-j\tan^{-1}T\omega}$$

したがって，ゲインは

$$20\log_{10}|G_2(j\omega)|=20\log_{10}\dfrac{1}{\sqrt{T^2\omega^2+1}}$$

$$=-10\log_{10}(T^2\omega^2+1)\,(\mathrm{dB})$$

位相は

$$\angle G_2(j\omega) = -\tan^{-1}T\omega \, [°]$$

と求まる.

5 ゲイン余裕, 位相余裕の議論から位相 $-180°$ のときゲイン 1 となると安定限界となる. つまり一巡伝達関数の周波数伝達関数が

$$\frac{K_u}{j\omega(j\omega+1)^2} = -1$$

のとき安定限界となる. これを極座標で表すと

$$\frac{K_u}{\omega(\omega^2+1)}e^{-j\left(\frac{\pi}{2}+2\tan^{-1}\omega\right)} = e^{-j\pi}$$

これから

$$\frac{\pi}{2} + 2\tan^{-1}\omega_u = \pi, \quad \omega_u = \tan\frac{\pi}{4}, \quad \omega_u = 1 \, [\text{rad}/\text{s}]$$

そのときの

$$\frac{K_u}{\omega_u(\omega_u{}^2+1)} = 1, \quad K_u = 2$$

$$T_u = \frac{2\pi}{\omega_u} = 2\pi \, [\text{s}]$$

6 **5** の結果を利用して, ジーグラー・ニコルスの限界感度法により求めることができる. 表 7·1 のゲイン決定表より, $K_P = 0.6K_u = 1.2$, $T_I = 0.5T_u = \pi$, $T_D = 0.12T_u = 0.24\pi$

8章

設問が考察的内容であるため, それぞれの考察で重要となるポイント (キーワード) を以下に示す.

1 情報量, サンプリングレート, サンプラー, ノイズ.

2 シーケンス制御, 制御対象と制御量, 制御周期, フィードバック制御の必要性, ソフトウェア構成, コントローラに用いられるマイクロプロセッサの能力.

3 対象となる動作の定義, 動作の時定数 (動作速度), システム構成, システム各部での処理時間, 動作保証の基準.

4 対象演算, 計算フローチャート比較, 乗算・除算・加算・減算の実行速

度（クロック），レジスタの動作，演算回路の構成.

5 システム構成，モジュール，エンジン駆動とモータ駆動，エネルギーフロー，駆動機構，コントローラの配置（分散）.

9章

1 ヒント：検出している信号はペダルを踏む力の変化，原因は自転車の駆動部にあると推察できる.

2 ヒント：スイカの中身の詰まり方によって叩いたときの音は異なる.

3 (1)＝(b)：高調波は1周期に5波形存在する.

(2)＝(c)：高調波は1周期に2波形存在する.

(3)＝(a)：周波数成分は一つ，位相がずれている.

4 (1) $\dfrac{5}{2\pi}$〔Hz〕，$\dfrac{2\pi}{5}$〔s〕   (2) 0.5 Hz, 2s   (3) $\dfrac{5}{\pi}$〔Hz〕，$\dfrac{\pi}{5}$〔s〕

5 フーリエ級数展開式において

$$\cos n\omega_0 t = \frac{1}{2}(e^{jn\omega_0 t} + e^{-jn\omega_0 t}), \quad \sin n\omega_0 t = \frac{1}{j2}(e^{jn\omega_0 t} - e^{-jn\omega_0 t})$$

を代入し，指数関数について整理する.

6 $X(j\omega) = -\dfrac{1}{a - j\omega}$

7 ヒント：男性と女性の声では声の高さが異なる.

8 省略.

9 15秒分の信号をフーリエ級数展開すると，基本角周波数は $2\pi/15$ となり，周期信号の角周波数 $2\pi/10$ とはならない. したがって，周期信号の解析では周期分の信号を取り出すことが重要である. 取り出せない場合はウィンドウ処理などが必要である.

10 省略.

10章

1 模範的な解答はない. 自由に発想してみよう.

2 アクチュエータに駆動されて水平方向にはロボットは自由に動くことが

できる．一方で，垂直方向には変位する部分がないためロボットの構造
そのものにより垂直方向には高い剛性が確保できる．このように，水平
方向と垂直方向に選択的に運動の自由度を振り分けるということが，
"Selective Compliance" ということである．この特性により，特定の作
業に対しては汎用の 6 自由度ロボットアームよりも低コストで高速なシ
ステムを構築することができる．

3 ある手先の速度を実現するための関節座標の（角）速度が存在しないと
いうことであり，いくら関節を動かしても所望の向きに手先を動かすこ
とができない状態にロボットアームがあるということである．簡単な例
としては，アームが真っ直ぐに伸びきった状態のときにさらに先へ手先
を動かすことができない状態などがある．

4 ヒント：技術的優位性のみならず，環境対策や市場ニーズなども含めて
考察せよ．

11 章

1 Java のようなオブジェクト指向プログラミングではクラス図やオブジェ
クト図を使って構造を表現し，コミュニケーション図を使ってオブジェ
クト間のメッセージ交換として振る舞いを表現する．

2 以下は標準的な味噌汁のつくり方の例である．

このアクティビティ図のもとになったレシピは以下のとおりである．

1. 鍋に水 2 カップと鰹だしを入れる
2. ひと煮立ちさせたら乾燥わかめを鍋に入れる
3. つぎに，油揚げを半分に切り 5 mm 幅の千切りにする
4. つぎに，豆腐を手のひらの上でさいの目に切る
5. 沸騰するまで待ってから，味噌を好みの量だけ溶き入れる

解答は必ずしも一つではないので，各自工夫し比較検討の議論をしてみよ
う．

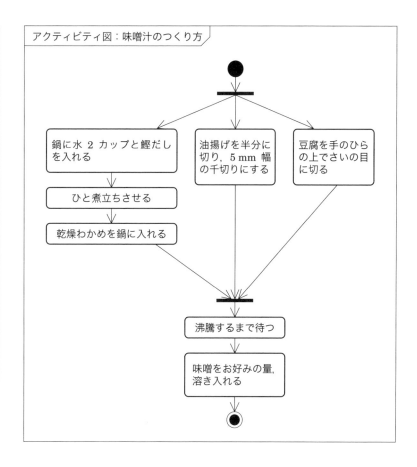

3 以下は携帯電話のユースケース図の例である.

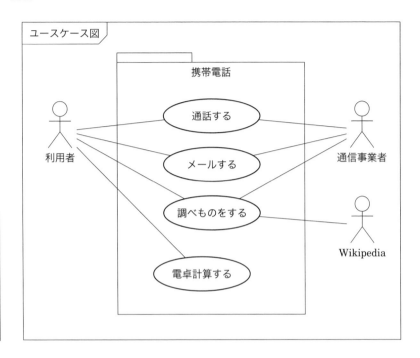

4 エレベータには上昇中, 下降中, 停止中の3状態があることに着目すると, 以下のようなステートマシン図が描ける. これはあくまでも1例であって, 着眼点や目的に応じてさまざまな図が可能である.

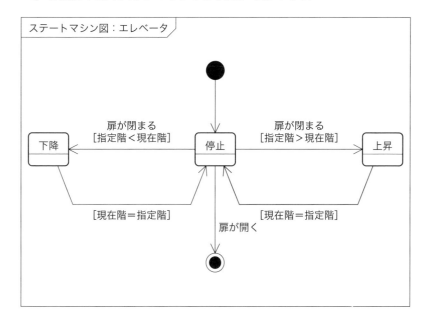

5 アクティビティ図やフローチャートは, データ処理や作業の内容を, 逐次実行, 分岐, 繰返し, モジュール化という構造が表現できるという点は共通である. しかし, 並行処理のように同時に二つ以上の作業が可能な場合や, 二つの操作の順序によらず結果が同じになることを表現するにはフローチャートよりアクティビティ図のほうが便利である. 問題2の味噌汁のレシピにおいて, 鍋でだしを取りながら油揚げや豆腐の用意は同時にでき, 油揚げと豆腐はどちらを先に入れても結果は同じである.

索　引

タ　行

〈編著者略歴〉

古田 勝久（ふるた　かつひさ）

1967 年	東京工業大学大学院理工学研究科 博士課程修了 工学博士
1982 年	東京工業大学工学部制御工学科教授
2000 年	東京工業大学名誉教授 東京電機大学理工学部教授
2007 年	東京電機大学未来科学部教授
2008 年	東京電機大学学長
2016 年	東京電機大学学事顧問
現　在	東京電機大学名誉学長

ロボット・メカトロニクス教科書
メカトロニクス概論（改訂3版）

2007 年 2 月 10 日	第 1 版第 1 刷発行
2015 年 8 月 20 日	改訂 2 版第 1 刷発行
2022 年 6 月 6 日	改訂 3 版第 1 刷発行

編 著 者	古 田 勝 久
発 行 者	村 上 和 夫
発 行 所	株式会社 オーム社 郵便番号　101-8460 東京都千代田区神田錦町 3-1 電話　03(3233)0641（代表） URL　https://www.ohmsha.co.jp/

© 古田勝久 2022

印刷　中央印刷　製本　協栄製本
ISBN978-4-274-22884-1　Printed in Japan

本書の感想募集　https://www.ohmsha.co.jp/kansou/

本書をお読みになった感想を上記サイトまでお寄せください．
お寄せいただいた方には，抽選でプレゼントを差し上げます．

ROSロボットプログラミングバイブル

表 允晢, 倉爪 亮, 鄭 黎ウン[共著]

環境設定からロボットへの実装まで, ROSのすべてを網羅

　本書は, ロボット用のミドルウェアであるROS (Robot Operating System) についての, ロボット分野の研究者や技術者を対象とした解説書です. ROSの構成や導入の方法, コマンドやツール等の紹介といった基本的な内容から, コミュニケーションロボットや移動ロボット, ロボットアームといった具体的なロボットのアプリケーションを作成する方法を解説しています.

　ROSについて網羅した内容となるため, ROSを使った開発を行いたい方が必ず手元に置き, 開発の際に活用されるような内容です.

B5 変判・452 頁・定価 (本体 4300 円【税別】)

目次

もっと詳しい情報をお届けできます.
◎書店に商品がない場合または直接ご注文の場合も
　右記宛にご連絡ください.

ホームページ https://www.ohmsha.co.jp/
TEL／FAX TEL.03-3233-0643 FAX.03-3233-3440

(定価は変更される場合があります)